U0642924

陕西专利数据分析 2018

陕西省科学技术情报研究院◎编

科学技术文献出版社
SCIENTIFIC AND TECHNICAL DOCUMENTATION PRESS
·北京·

图书在版编目（CIP）数据

陕西专利数据分析.2018 / 陕西省科学技术情报研究院编. —北京：科学技术文献出版社，2020.4

ISBN 978-7-5189-6509-0

Ⅰ.①陕… Ⅱ.①陕… Ⅲ.①专利—分析—数据处理—陕西—2018 Ⅳ.① G306.72

中国版本图书馆 CIP 数据核字（2020）第 037274 号

陕西专利数据分析2018

策划编辑：李 蕊　　责任编辑：宋红梅　　责任校对：张吲哚　　责任出版：张志平

出 版 者	科学技术文献出版社
地　　址	北京市复兴路15号　邮编 100038
编 务 部	（010）58882938，58882087（传真）
发 行 部	（010）58882868，58882870（传真）
邮 购 部	（010）58882873
官方网址	www.stdp.com.cn
发 行 者	科学技术文献出版社发行　全国各地新华书店经销
印 刷 者	北京时尚印佳彩色印刷有限公司
版　　次	2020 年 4 月第 1 版　2020 年 4 月第 1 次印刷
开　　本	889×1194　1/16
字　　数	133千
印　　张	7
书　　号	ISBN 978-7-5189-6509-0
定　　价	58.00元

编写组

主　编：张薇

副主编：张秀妮

编写人员：（按拼音排序）

龚娟　胡启萌　李鹏　钱虹　任蕾

辛一　杨程凯　张向荣　周立秋

前　言

专利作为技术创新成果的要素之一，可以从一个侧面反映一个组织或地区的创新能力。《陕西专利数据分析2018》对2018年陕西获得的国内外专利公开数据进行多维度分析，展示陕西专利的全貌及特征，揭示陕西在几个主要技术领域技术创新的优势和不足。

我们以Incopat专利数据库、德温特专利数据库，以及世界知识产权组织、欧洲专利局、中国、美国、日本、韩国等"四国两组织"的专利官网为数据源，从专利公开量、授权量、有效发明专利、主要申请主体、技术分类等5个维度对2018年陕西全省及10个地市专利数据进行分析，并遴选了"硬科技"八大领域中具有技术优势的8个技术方向（航空航天、图像处理、存储芯片、量子通信、新材料、生物医药、太阳能、数控机床）进行了重点分析。

专利数据整理分析涉及数据采集、清洗、分类、核准等繁杂而细致的工作，受数据源多样性及数据分析人员专业知识所限，疏漏和差错在所难免，真诚希望读者给予理解和指导，将发现的错误及改进意见反馈给我们，以便我们今后不断完善。

专利情报分析研究组
2019年8月

目 录

第一章

陕西专利数据总览

一、陕西"国内专利"概况

2018 年，陕西取得的国内专利许可公开量、授权量和有效发明专利总数等几项指标数据如表 1-1 所示。

表 1-1　2018 年陕西"国内专利"主要指标数据

序号	指标名称	专利数量	同比增长	全国排名
1	"国内专利"许可公开量（件）	70 332	23.57%	14
	其中，发明专利许可公开量（件）	37 736	20.90%	13
2	专利授权量（件）	41 479	20.04%	17
	其中，发明专利授权量（件）	8884	1.25%	11
3	发明专利经济效率（件 / 亿元 GDP）	0.41	−8.89%	7
4	有效发明专利（件）	39 329	16.52%	11
5	发明专利密度（件 / 万人）	10.26	15.93%	7

发明专利密度：陕西每万人拥有发明专利 10.26 件，排名第七，低于全国 11.52 件 / 万人的平均水平。

申请主体：2018 年公开的陕西"国内专利"中，高校和企业是主要申请主体，专利公开量约占全部公开量的 76%，其中，发明授权量的比例近 85%；且 TOP 10 机构绝大多数为高校。

技术分类：2018 年公开的陕西"国内专利"，其 IPC 技术分类号中 G06F（电数字数据处理）和 G01N（借助于测定材料的化学或物理性质来测试或分析材料）两类居前列，均超过 2000 件。

专利转让：2018 年陕西的"国内专利"转让数量达到 2326 件，其中，转让的发明专利为 1385 件，约占六成，转让技术涉及医用品、药品方面最多，其次是半导体器件、电数字数据处理等方面。

地域特征：按专利申请地址进行归类统计，西安的专利公开量、发明专利授权量、有效发明专利占比等指标均处于绝对优势。

二、陕西"国外专利"概况

国外专利总量：陕西"国外专利"，仅指陕西取得的 PCT 国际专利和美国专利、欧洲专利、日本专利、韩国专利等。2018 年公开的陕西"国外专利"共计 503 件；其中，PCT 国际专利 151 件，同比增长 51%；陕西申请的美国专利、欧洲专利、日本专利、韩国专利中，"美国专利"为 188 件，居首位。

主要申请主体：2018 年公开的陕西"国外专利"中，西安中兴新软件有限责任公司申请的"国外专利"数量为 164 件，居全省首位；其中申请 PCT 国际专利 34 件、美国专利 64 件、欧洲专利 39 件、日本专利 20 件、韩国专利 7 件。

技术领域优势：2018 年公开的陕西"国外专利"中，电通信和生物医药两个技术领域的数量居前列。

三、八大技术领域专利概况

我们选择"硬科技"产业中陕西具有优势的几个技术领域进行重点关注。截至 2018 年年底，陕西在航空航天、图像处理、生物医药、存储芯片、量子通信、新材料、太阳能、数控机床等 8 个技术领域的发明专利数据详见附录。

（一）航空航天

截至 2018 年年底，在航空航天技术领域，陕西获得的国内发明专利授权量在全国排名[①]第三，落后于北京、江苏。但申请的国际专利数量很少，仅 5 件，远远落后于广州、北京和上海。

西安电子科技大学在 G01S 无线电导航方向的国内授权发明专利数量位居全国首位，且遥遥领先；西北工业大学在电数字数据处理、飞机设计制造及其控制系统方向，中国航空工业集团公司西安飞机设计研究所在零部件或配套装置的设计制造、测试等方向，西安近代化学研究所在推进剂相关研究方向均进入国内授权发明专利全国 TOP 5 机构。

---

① 本书提及的全国排名均不含港、澳、台地区。

（二）图像处理

截至 2018 年年底，在图像处理技术领域，陕西申请的国内发明专利公开量、授权量均在全国排名第六，落后于北京、广东、江苏、上海、浙江。

西安电子科技大学在图像处理技术领域表现卓越，在图像数据处理、数据识别、无线电导航、计算模型等方向获得的国内授权发明专利居全国首位。

（三）存储芯片

截至 2018 年年底，在存储芯片技术领域，陕西获得的国内发明专利授权量在全国排名第八。国外机构在该领域的专利活动非常活跃，在多个主要技术方向上申请的国内专利居首位的均为国外公司。

西安紫光国芯半导体有限公司在存储芯片技术领域表现突出，获得的国内授权发明专利在陕西位居第一，远超其余机构，但与省外其他机构比不具优势。

（四）量子通信

截至 2018 年年底，在量子通信技术领域，陕西获得的国内发明专利授权量位居全国第七。2018 年当年获得的发明专利授权量在全国排名第四，增长较快。2018 年陕西仅申请 1 件相关的美国专利。

在量子通信技术领域，西安电子科技大学在基于特定计算模型的计算机系统、无线电定向导航测量和密码编译方向表现突出，获得的国内发明专利授权数量居全国首位。

（五）新材料（钛、钼、石墨烯）

截至 2018 年年底，在钛材料和钼材料技术方向，陕西申请的国内发明专利公开量和授权量位居全国首位。在石墨烯材料技术方向，陕西申请的国内发明专利公开量和授权量位居全国第八，远远落后于排名前三的江苏、北京和上海 3 个地区。2018 年，陕西在该领域的国外专利表现欠佳，PCT 公开专利中只有西安交通大学的 1 件。

在该领域的国内授权发明专利机构中，西北有色金属研究院和西部钛业有限责任公司在全国钛材料的多个技术分支中表现突出，金堆城钼业股份有限公司在钼材料的多个技术分支中表现突出，西安电子科技大学在石墨烯材料的应用方面具有优势。

（六）生物医药

截至 2018 年年底，在生物医药技术领域，陕西申请的国内发明专利公开量和授权量均位居全国第十三。陕西在该技术领域申请的国际公开专利共计 80 件，其中申请的 PCT 29 件、美国专利 33 件、欧洲专利 9 件、日本专利 7 件、韩国专利 2 件。

在生物医药技术领域，西安大医集团有限公司申请的国内发明专利公开量和当年 PCT 国际专利数量均居陕西企业首位，表现优异。

（七）太阳能

截至 2018 年年底，在太阳能技术领域，陕西获得的国内发明专利授权量位居全国第十。陕西在该领域申请的国际专利不多，2018 年仅有公开专利 4 件。

在太阳能技术领域的国内授权发明专利中，彩虹集团在部分能量转化装置和器件方面居于全国领先地位。

（八）数控机床

截至 2018 年年底，在数控机床技术领域，陕西申请的国内发明专利公开量和授权量均位居全国第十，但在该领域，2018 年陕西仅申请了 1 件 PCT 国际专利。

在该技术领域，西安交通大学在机床零部件、锻造、金属无切削加工处理、齿轮或齿条制造等方向获得的国内授权发明专利数量进入全国机构 TOP 5，在该领域具有优势。

（整理编写：张秀妮　张　薇）

第二章

陕西"国内专利"数据

一、专利总量数据

2018 年，陕西"国内专利"公开量为 70 332 件，同比增长约 24%。其中，发明专利公开量 37 736 件，占陕西当年"国内专利"公开总量的 53.65%。陕西国内专利授权量 41 479 件，同比增长 20%。其中，发明专利授权 8884 件，占陕西当年"国内专利"授权总量的 21.40%，在全国排名第 11 位（图 2-1）；增长率排名第 15 位（图 2-2）。

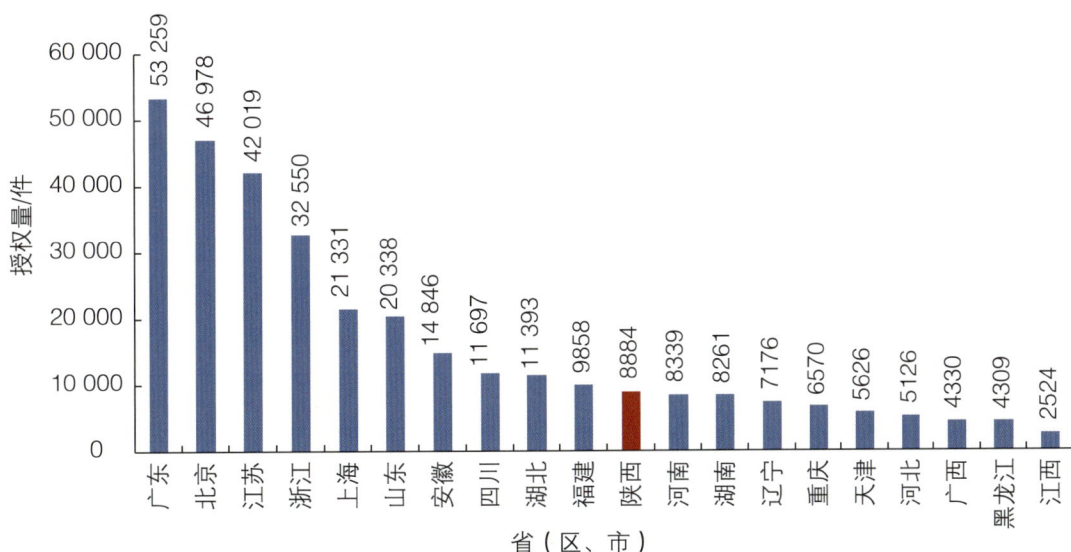

图 2-1　2018 年部分省（区、市）发明专利授权量

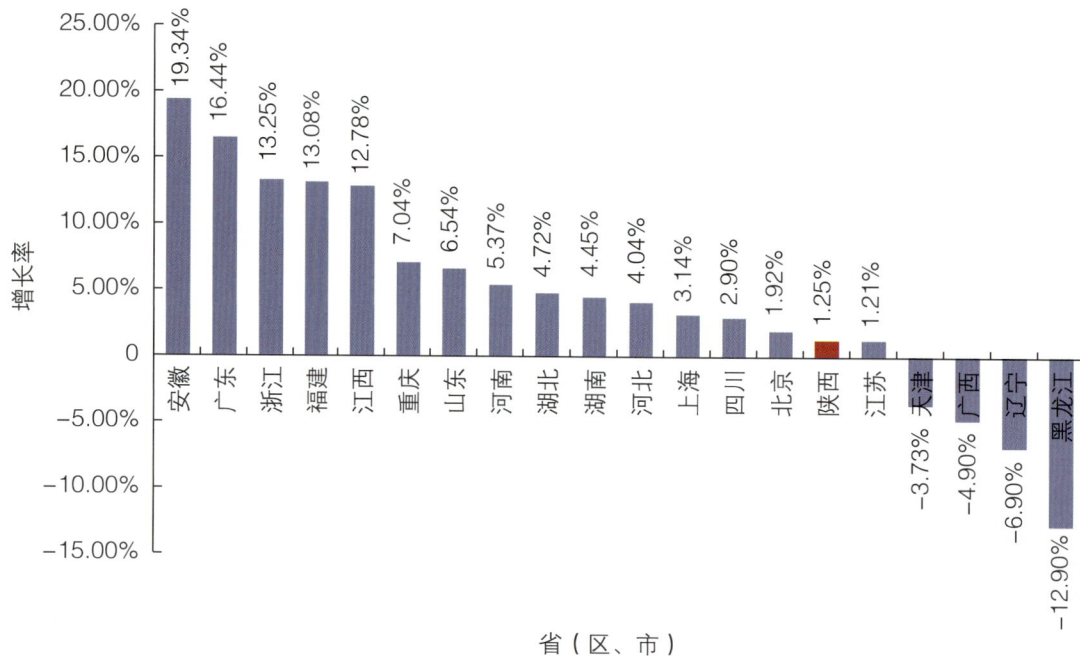

图 2-2　2018 年部分省（区、市）发明专利授权量增长率

二、专利经济效率

2018 年国内部分省（区、市）每亿元 GDP 产出的授权专利情况如图 2-3 所示。

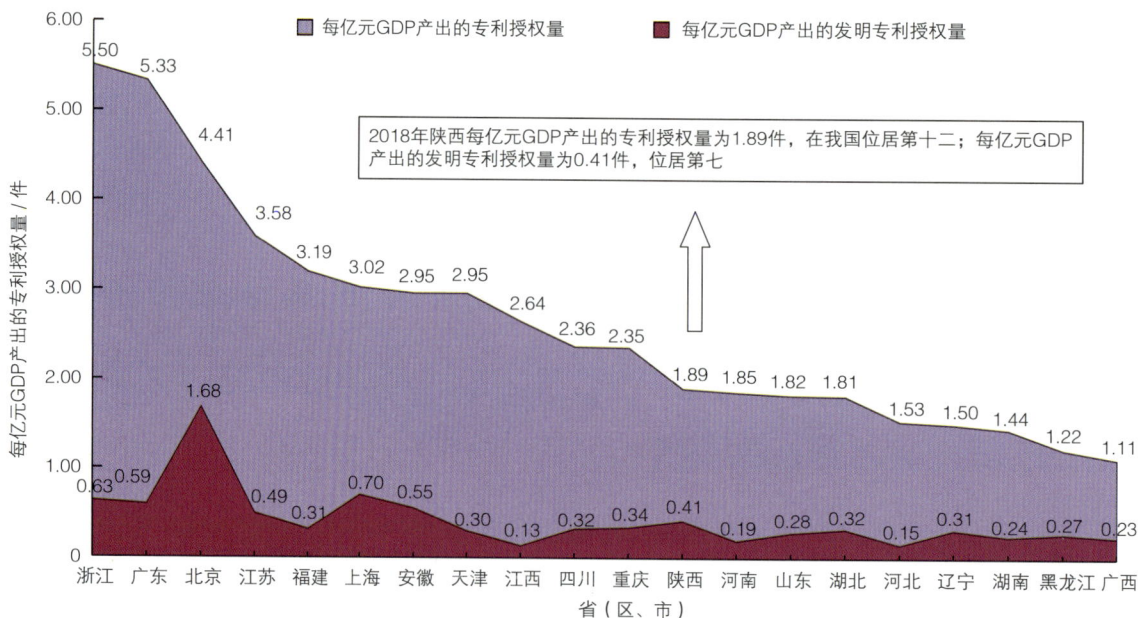

图 2-3　2018 年部分省（区、市）每亿元 GDP 产出的专利授权量

三、专利密度数据

图 2-4 反映的是 2018 年当年我国部分省（区、市）每万人所拥有的授权专利和每万人所拥有的发明专利授权数据。

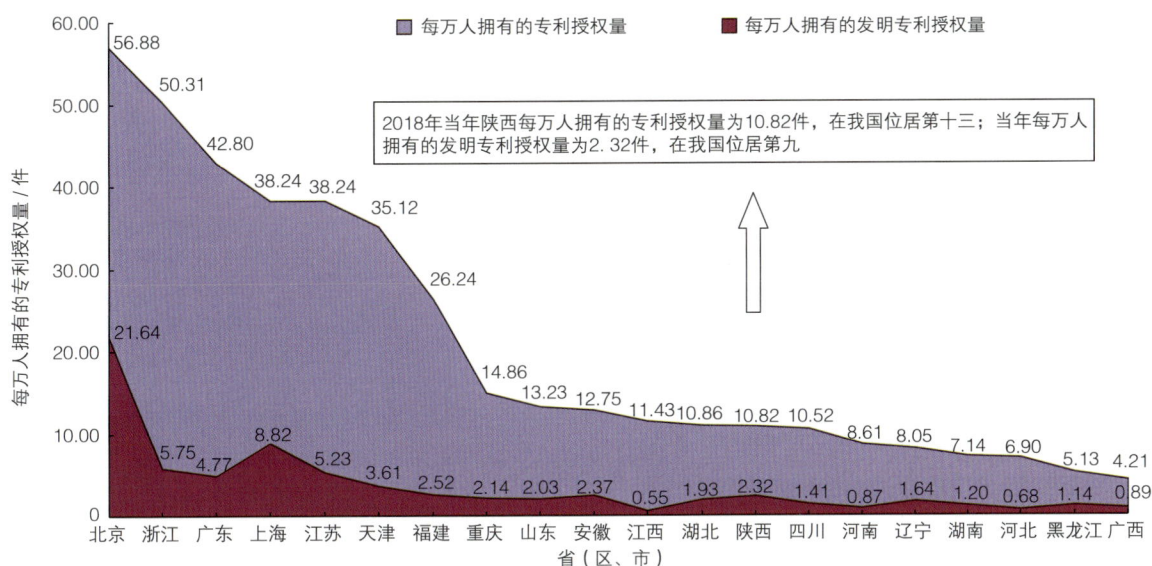

图 2-4 2018 年部分省（区、市）每万人拥有的专利授权量

截至 2018 年年底，部分省（区、市）的有效发明专利总量和有效发明专利密度如图 2-5 所示。陕西的有效发明专利密度为 10.26 件/万人，排名第七，低于我国平均水平（11.52 件/万人）。

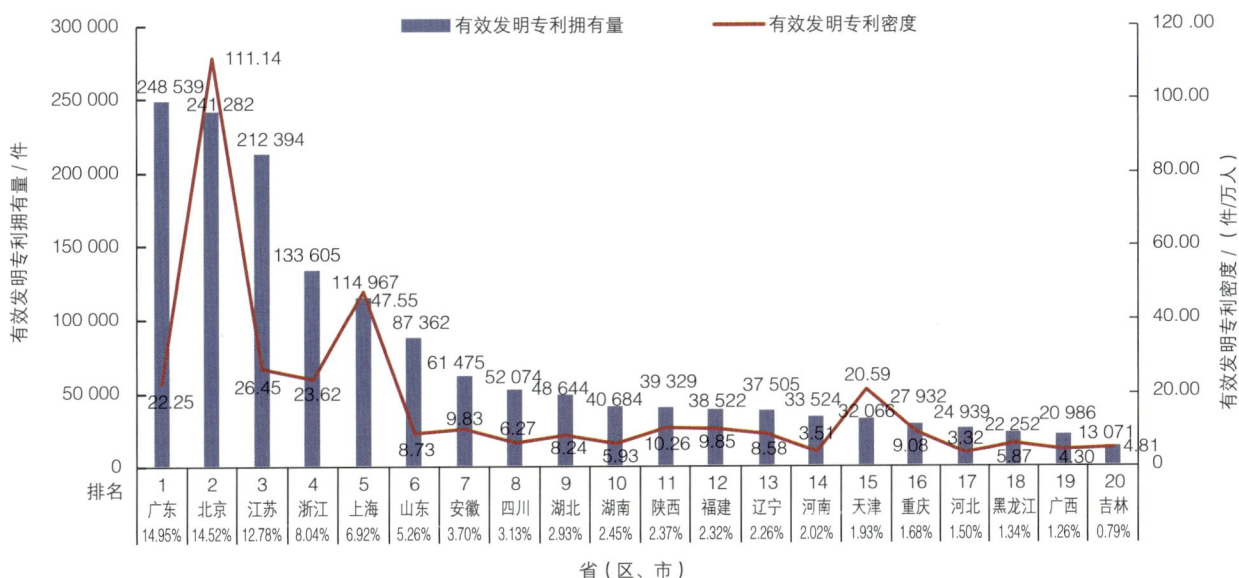

图 2-5 部分省（区、市）有效发明专利拥有量及密度

（注：图中按照有效发明专利拥有量进行排名）

四、专利申请主体

（一）申请主体 TOP 10

1. 专利公开量 TOP 10

2018 年公开的陕西国内专利中，前 100 名机构的总量为 33 728 件，约占全省专利公开总量的 48%。2018 年公开的陕西国内专利的申请机构和企业 TOP 10 分别如图 2-6 和图 2-7 所示。

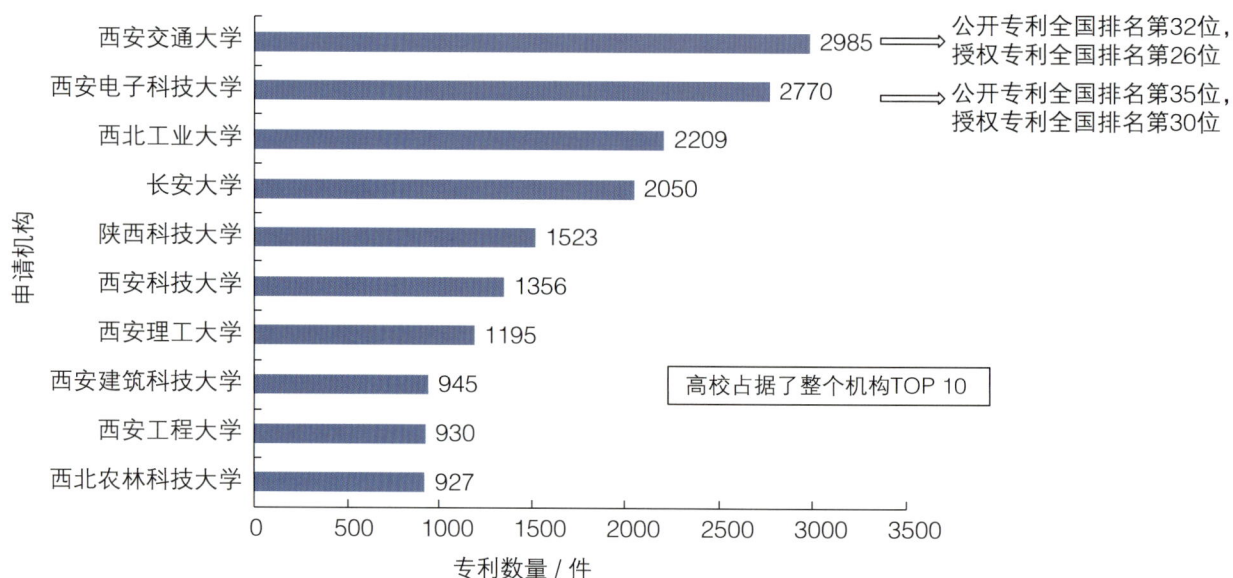

图 2-6　2018 年公开的陕西专利申请机构 TOP 10

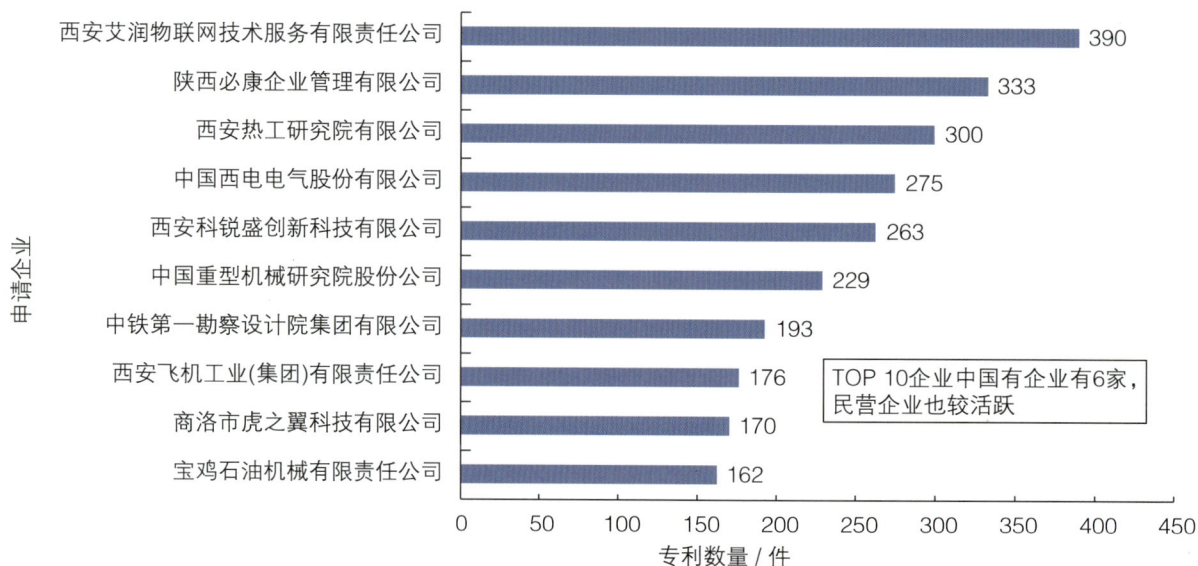

图 2-7　2018 年公开的陕西专利申请企业 TOP 10

2. 发明专利 TOP 10

2018 年，陕西取得授权发明专利的申请主体中，高校占主导地位，图 2-8 为申请机构 TOP 10，图 2-9 为申请主体是非高校申请机构的 TOP 10，其中 9 家为央企或研究院所，仅有 1 家民营企业。

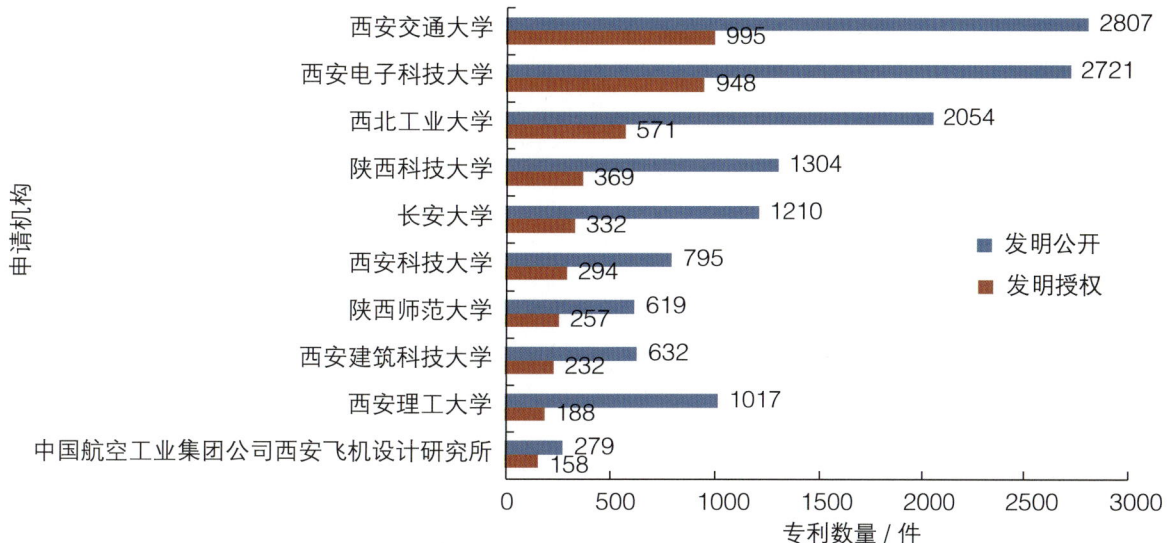

图 2-8　2018 年陕西发明专利申请机构 TOP 10（以授权量排名为准）

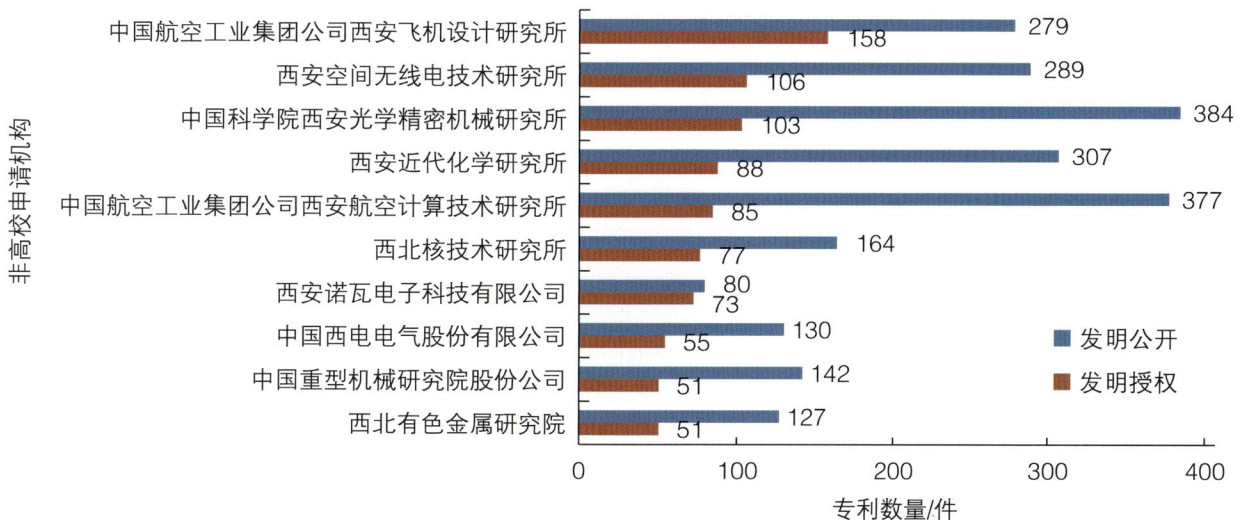

图 2-9　2018 年陕西发明专利非高校申请机构 TOP 10（以授权量排名为准）

3. 有效发明专利 TOP 10

截至 2018 年年底，陕西国内有效发明专利的申请主体排名前 10 位的机构中 9 家都是高校（图 2-10），排在前 10 位的机构有效发明专利总量为 17 784 件，占到全省有效发明专利总量的近一半（45%）。

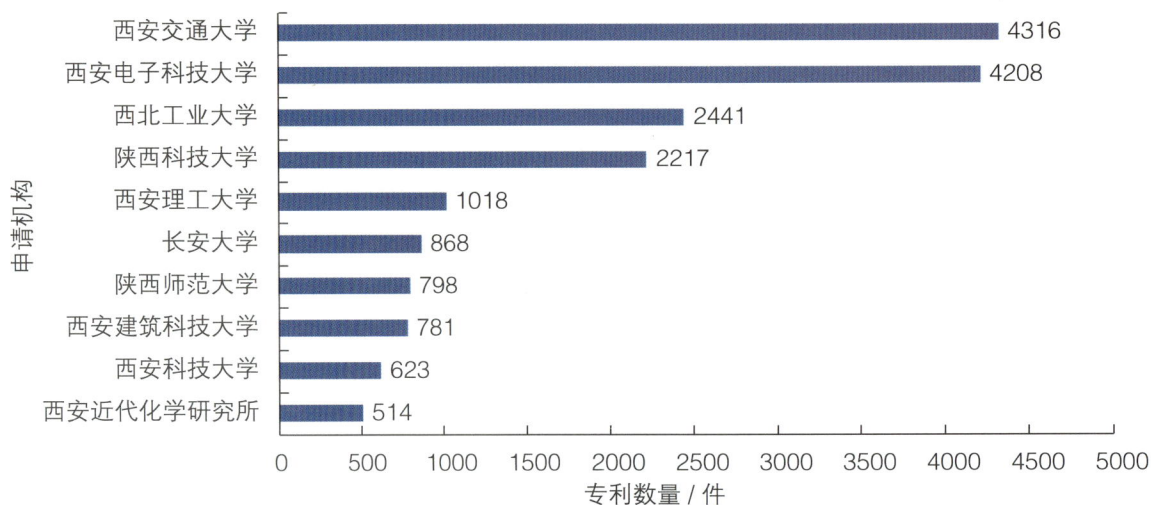

图 2-10 截至 2018 年年底陕西有效发明专利申请机构 TOP 10

从图 2-11 可见，截至 2018 年年底，陕西有效发明专利高校以外申请主体 TOP 10，基本是大型研究院所，特别是央属院所，但总数量与高校相差悬殊；TOP 10 机构从某一方面也反映出陕西的省属企业和院所技术创新能力表现欠佳。

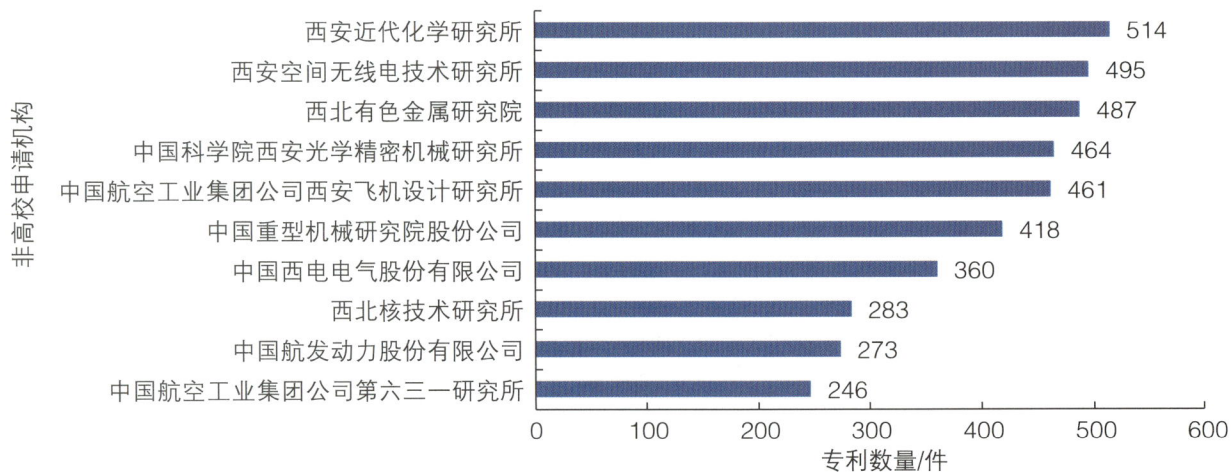

图 2-11 · 截至 2018 年年底陕西有效发明专利非高校申请机构 TOP 10

（二）申请主体类型

2018 年，陕西许可公开的国内专利的申请主体分布情况如图 2-12 所示，陕西大专院校和企业两类主体取得的专利约占国内专利公开总量的 76%。

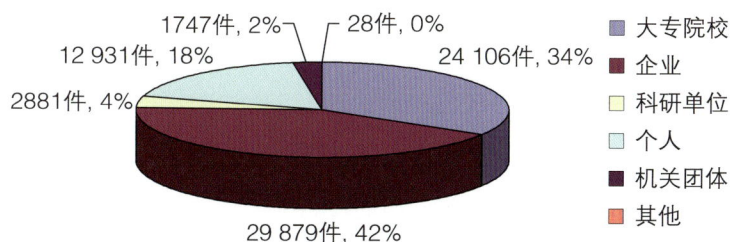

图 2-12　2018 年陕西公开专利的申请主体分布

　　2018 年，陕西取得授权的"国内发明专利"中，大专院校占到了一半以上，大专院校和企业合计占比高达 85%（图 2-13）。企业的申请机构主要集中在国有企业，民营企业实力较弱。

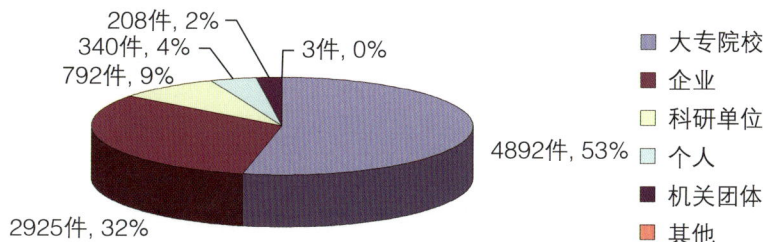

图 2-13　2018 年陕西授权发明专利的申请主体分布

（三）申请主体技术优势

　　选取 2018 年公开的陕西专利申请主体 TOP 10 的机构，展示其优势技术领域的专利公开数据如表 2-1 所示。TOP 10 主体均为高校，西安交通大学居首位，而且在技术方向上覆盖范围广；其他机构的优势技术方向特色较明显。

表 2-1　专利申请主体 TOP 10 的主要技术优势

主要申请机构	涉及的主要 IPC 分类号	含义	专利数量/件
西安交通大学	G06F	电数字数据处理	303
	G01N	借助于测定材料的化学或物理性质来测试或分析材料	201
西安电子科技大学	H04L	数字信息的传输，如电报通信	437
	G01S	无线电定向；无线电导航	394

续表

主要申请机构	涉及的主要IPC分类号	含义	专利数量 / 件
西北工业大学	G06F	电数字数据处理	244
	G05B	一般的控制或调节系统	105
长安大学	G01N	借助于测定材料的化学或物理性质来测试或分析材料	296
	E01C	道路工程的修建和铺装	113
陕西科技大学	H01M	用于直接转变化学能为电能的方法或装置，如电池组	148
	B01J	化学或物理方法，如催化作用或胶体化学	121
西安科技大学	G01N	借助于测定材料的化学或物理性质来测试或分析材料	144
	E21F	矿井或隧道中或其自身的安全装置，运输、充填、救护、通风或排水	102
西安理工大学	G06F	电数字数据处理	86
	C22C	合金	63
西安建筑科技大学	E04B	一般建筑物构造	190
	E04H	专门用途的建筑物或类似的构筑物	108
西安工程大学	F24F	空气调节；空气增湿；通风；空气流作为屏蔽的应用	176
西北农林科技大学	A01G	园艺；蔬菜、花卉、稻、果树、葡萄、啤酒花或海菜的栽培	99
	A01D	收获；割草	67

五、专利技术领域

（一）技术方向

表 2-2 是 2018 年公开的陕西专利中，技术方向排在前 10 位的专利数据。其中，G06F（电数字数据处理）和 G01N（借助于测定材料的化学或物理性质来测试或分析材料）两个技术方向的专利公开量均超过 2000 件，是陕西具有优势的专利技术方向。

表 2-2 2018 年陕西公开专利技术方向 TOP 10 的数量分布

IPC 分类号	含义	专利数量 / 件	代表机构
G06F	电数字数据处理	2714	西安电子科技大学（304） 西安交通大学（303）
G01N	借助于测定材料的化学或物理性质来测试或分析材料	2584	长安大学（296） 西安交通大学（201）
H04L	数字信息的传输，如电报通信	1452	西安电子科技大学（437） 中国航空工业集团公司西安航空计算技术研究所（95）
B01D	分离	1230	西安交通大学（49） 陕西森弗天然制品有限公司（32）
G06K	数据识别；数据表示；记录载体；记录载体的处理	1179	西安电子科技大学（353） 西安交通大学（90）
C02F	水、废水、污水或污泥的处理	1156	西安建筑科技大学（96） 陕西科技大学（84）
E21B	土层或岩石的钻进	1129	西安石油大学（119） 宝鸡石油机械有限责任公司（77）
A61K	医用、牙科用或梳妆用的配制品	1046	第四军医大学（66） 西安交通大学（45）
G01S	无线电定向；无线电导航；采用无线电波测距或测速；采用无线电波的反射或再辐射的定位或存在检测；采用其他波的类似装置	1022	西安电子科技大学（394） 西北工业大学（84）
G06T	一般的图像数据处理或产生	995	西安电子科技大学（306） 西北工业大学（88）

（二）地市专利技术特色

2018 年，陕西 10 个地市公开专利数量中，IPC 分类排在前 2 位的技术方向如图 2–14 所示。西安市的公开专利量远超其他地市，数量在 2000 件以上。各个地市的公开专利中技术方向各具特色，反映出与各地区的优势特色产业有一定对应性。

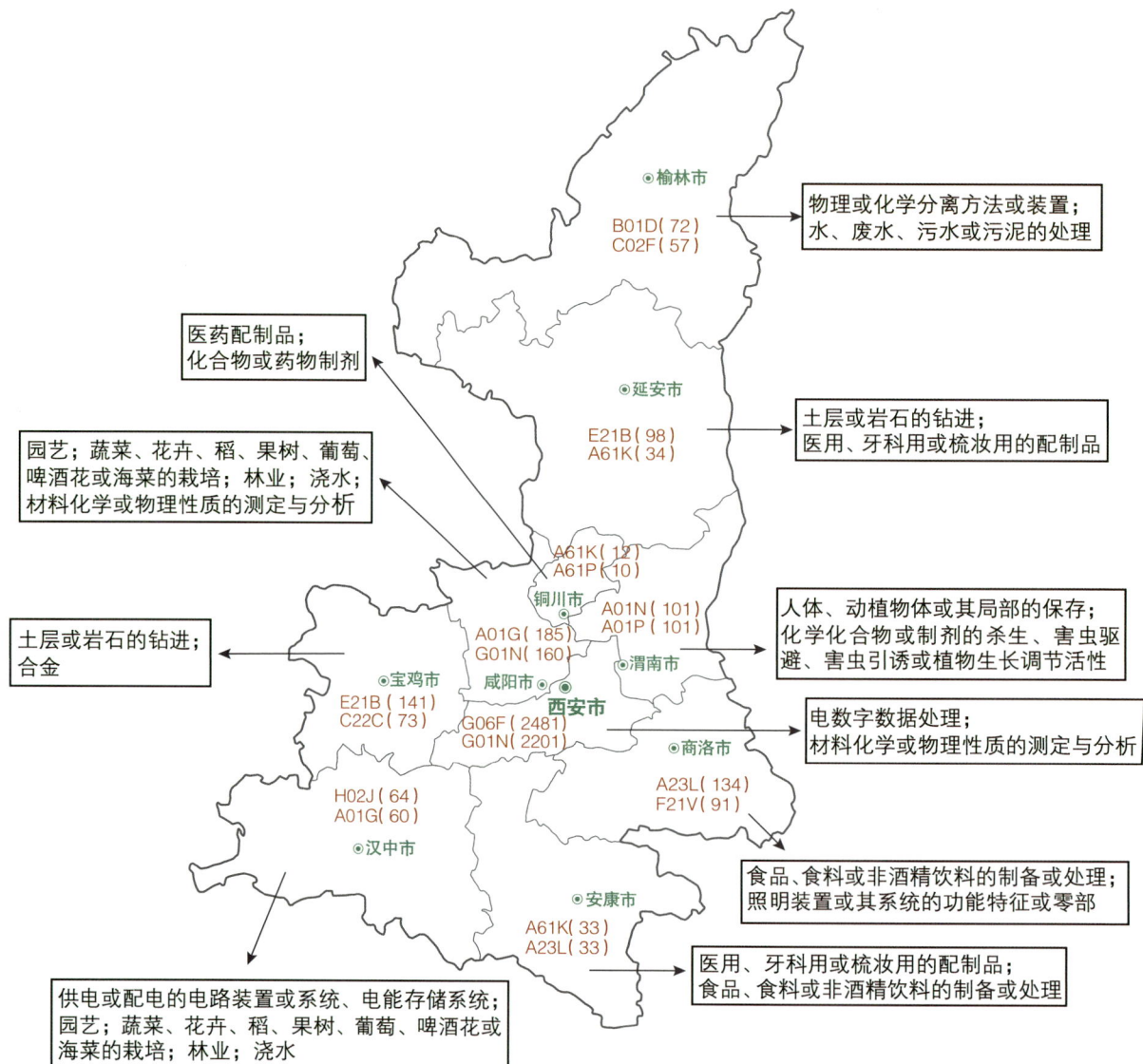

图 2-14　2018 年陕西各地市公开专利技术方向特色分布示意

〔注：本地图底图来源于陕西省测绘地理信息局"标准地图服务"，未对底图编辑调整，

审图号为陕 S（2018）006 号〕

（三）行业专利数据

2018 年公开的陕西专利中，排在前 10 位的国民经济行业主要分布在制造业的各个分支行业（图 2-15），特别是仪器仪表制造业的公开专利量近万件，反映出陕西在制造业有着丰厚成体系的技术基础优势；另外，电信、广播电视和卫星传输服务行业也表现出色。

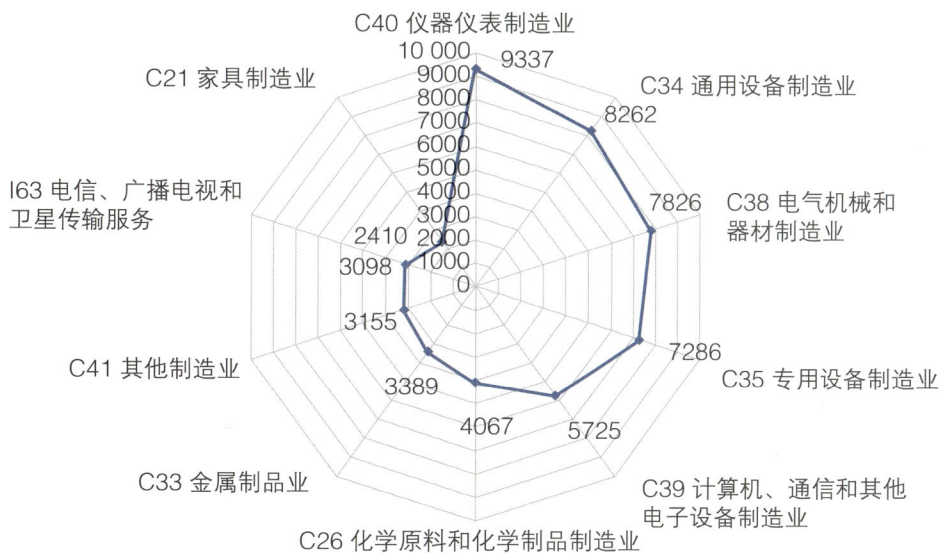

图 2-15　主要国民经济行业分类构成

六、专利状态数据

（一）专利状态结构

图 2-16 是 2018 年公开的陕西国内专利处于有效、无效和审中 3 种专利权法律状态[①] 的结构分布。其中，无效专利中的"放弃"和"驳回"专利共计 37 件，仅占 0.05%，可以忽略不计，故未在图中显示。

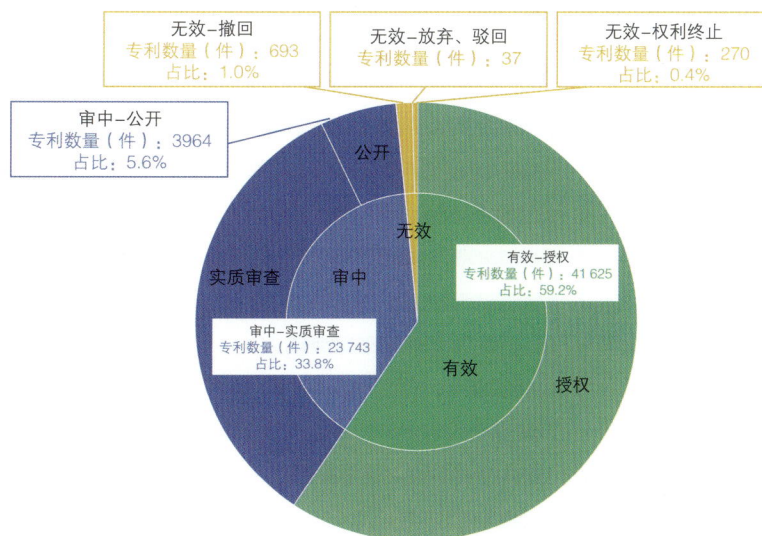

图 2-16　2018 年公开的陕西专利的状态结构分布

---

① 当前法律状态所指检索时间是 2019 年 5 月 16 日。

（二）专利转让总数

近年来，陕西省专利转让数量逐年增长（图 2-17），2018 年专利转让数量达到 2326 件，其中，转让的发明专利 1385 件，约占 60%。

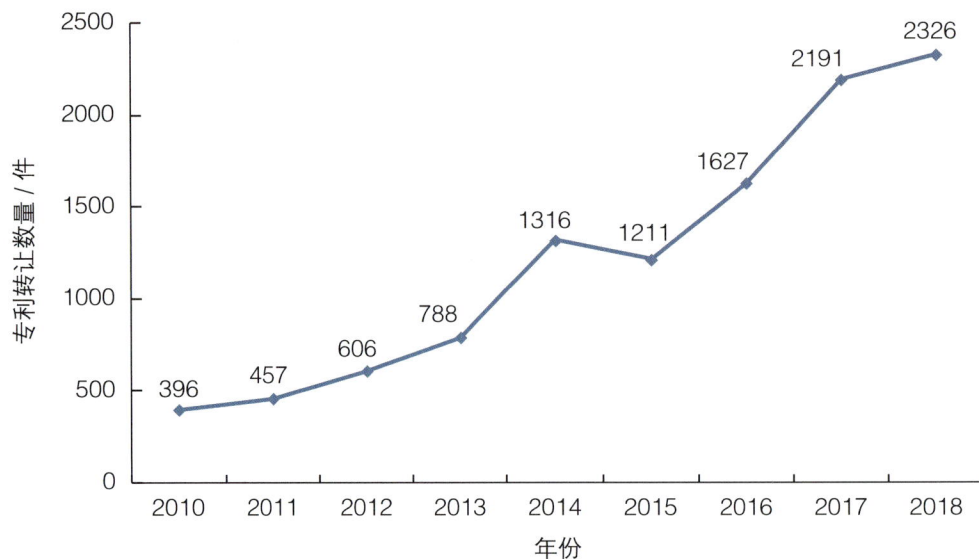

图 2-17　2010—2018 年陕西专利转让数据

（三）转让人 TOP 10

2018 年陕西专利转让人 TOP 10 如图 2-18 所示。

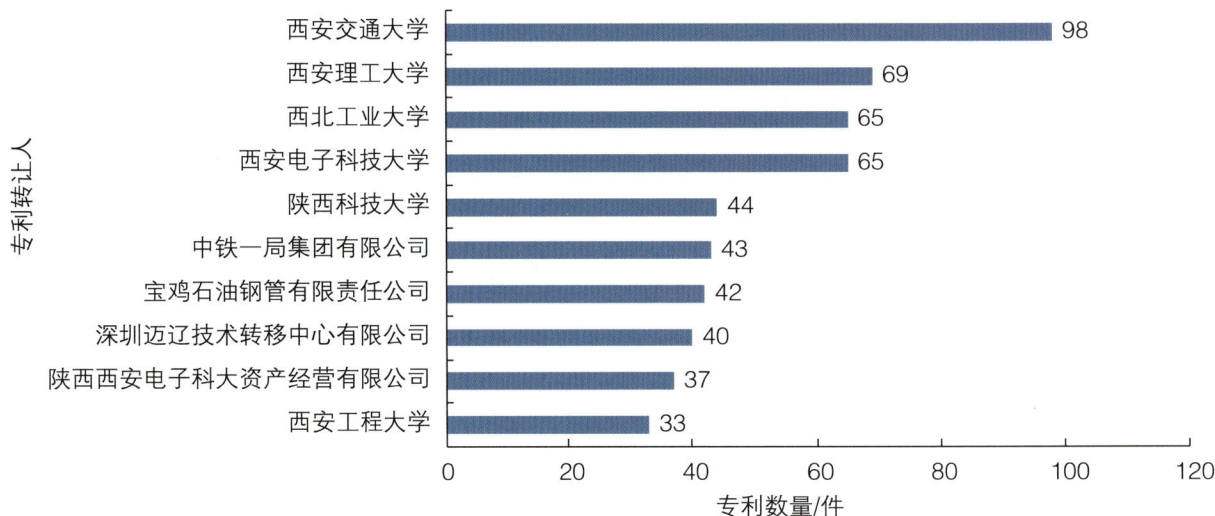

图 2-18　2018 年陕西专利转让人 TOP 10

（四）受让人 TOP 10

2018 年陕西专利转让的受让人 TOP 10 如图 2-19 所示。排名第一的受让人为中国石油天然气集团有限公司与宝鸡石油钢管有限责任公司（共同专利权人）；另外 3 家省外公司中，深圳迈辽技术转移中心有限公司并非直接的生产性企业，而是科技服务型机构，排在专利受让人第 2 位，值得关注。

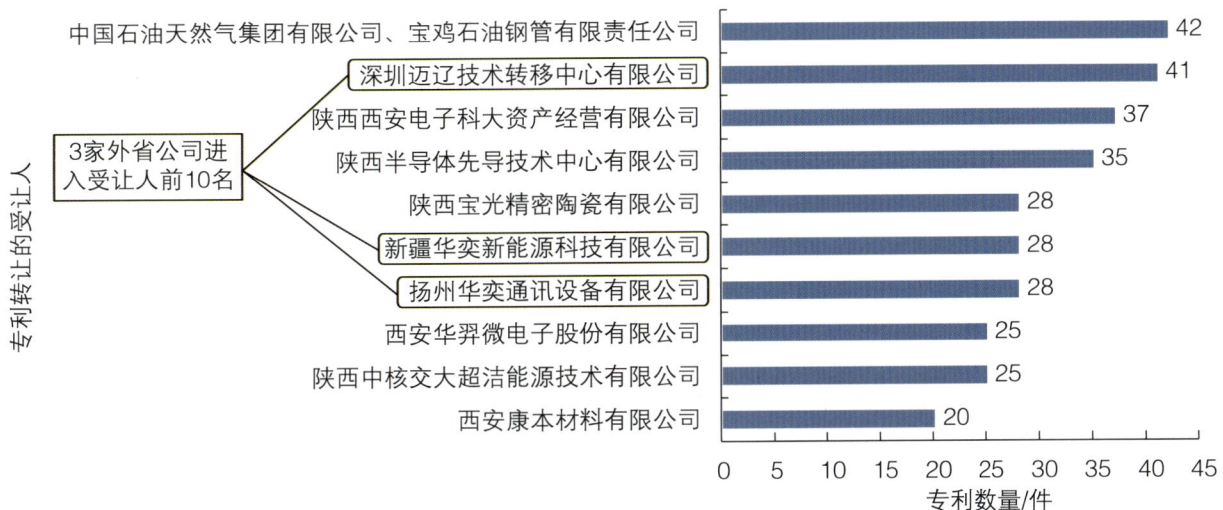

图 2-19　2018 年陕西专利转让的受让人 TOP 10

（五）转让技术 TOP 10

按 IPC 分类，2018 年陕西转让专利的前 10 个技术方向如表 2-3 所示。医用品、药品类技术及半导体器件、电数字数据处理等方面专利转让相对活跃。

表 2-3　2018 年陕西转让专利的 IPC 分类 TOP 10

IPC 分类号	含义	专利数量 / 件
A61K	医用、牙科用或梳妆用的配制品	74
A61P	化合物或药物制剂的特定治疗活性	64
G06F	电数字数据处理	62
H01L	半导体器件	62
G01N	借助于测定材料的化学或物理性质来测试或分析材料	58
A61B	诊断；外科；鉴定	56
E21B	土层或岩石的钻进	41

IPC 分类号	含义	专利数量 / 件
C02F	水、废水、污水或污泥的处理	41
H04N	数字信息的传输，如电报通信	40
F24F	空气调节；空气增湿；通风；空气流作为屏蔽的应用	38

七、专利质量数据

专利的被引用量可以作为衡量专利质量的重要参考指标。截至 2018 年年底，陕西有效国内发明专利被引用量 TOP 10 的申请人中，有 5 家为省属企业，还有 2 位是自然人（表 2-4）。这 10 件专利中，已有 7 件被转让，其中 4 件转让给省外公司，为农业杀虫剂和消防化合物方面的专利。

表 2-4　截至 2018 年年底陕西省高被引有效发明专利 TOP 10

序号	专利名称	申请号	申请机构	主分类号	被引证次数
1	一种含噻虫酰胺和生物源类杀虫剂的杀虫组合物	CN201110023254.1	陕西上格之路生物科学有限公司	A01N43/90	108
2	LTE 中的三维波束赋形方法	CN201110379694.0	西安电子科技大学	H04B7/06	98
3	一种碳纤维天线面的制造方法	CN201410389690.4	西安拓飞复合材料有限公司	B29C70/36	89
4	一种智能药箱	CN201510254126.6	陕西科技大学	A61J1/00	77
5	一种移动教学平台	CN201410155080.8	西安夫子电子科技研究院有限公司	G09B7/02	59
6	一种高效快速纯化制备片段抗体的方法	CN200410026022.1	陈志南	C07K1/16	51
7	一种二茂铁类灭火组合物	CN201010285564.6	陕西坚瑞消防股份有限公司	A62D1/06	50
8	一种基于 GPS 定位的公共自行车互锁式租赁系统	CN201510408308.4	长安大学	G07F17/00	49
9	通过高温进行组分间发生化学反应产生灭火物质的灭火组合物	CN201010285497.8	陕西坚瑞消防股份有限公司	A62D1/06	47
10	一种双挤压与复蒸组合法生产的杂粮营养挂面	CN200810150944.1	奥生平	A23L1/162	46

续表

序号	专利名称	申请号	申请机构	主分类号	被引证次数
11	一种钨铜－铜整体式电触头材料缺陷修复方法	CN200910305991.3	西安理工大学	H01H11/04	46

八、地市专利数据

（一）地市发明专利总量

2018 年陕西 10 个地市[①]的几项专利指标数据如表 2-5 和图 2-20 所示，10 个地市的专利表现梯次明显。西安市作为省会城市、国家中心城市，科教、经济等资源密集，整体技术创新能力远强于其他 9 个地市，几项专利指标数据均处于省内绝对优势地位。西安市近两年人口增长迅速，因此，有效发明专利密度受常住人口的影响较大，本报告中采用 2017 年年底西安市常住人口数据得出专利密度。特别是西安市的有效发明专利密度是当年全省有效发明专利密度平均水平（10.26 件 / 万人）的 3 倍有余，遥遥领先。

表 2-5　2018 年陕西 10 地市国内发明专利授权量数据

地市	授权发明专利		有效发明专利		有效发明专利密度[②]/（件 / 万人）
	专利数量 / 件	占比	专利数量 / 件	占比	
西安	8025	90.33%	34 954	88.88%	36.33
咸阳	295	3.32%	1586	4.03%	3.46
宝鸡	187	2.10%	1072	2.73%	2.84
汉中	113	1.27%	406	1.03%	1.18
渭南	108	1.22%	639	1.62%	1.19
榆林	52	0.59%	255	0.65%	0.75
延安	43	0.48%	162	0.41%	0.72
商洛	30	0.34%	116	0.29%	0.49
安康	25	0.28%	105	0.27%	0.39
铜川	6	0.07%	34	0.09%	0.41

数据来源：陕西省知识产权局、《陕西统计年鉴 2018》。

---

① 本报告中各地市数据均基于申请地址进行统计。

② 此处专利密度是根据《陕西统计年鉴 2018》中公布的 2017 年年末陕西及各地市常住人口数据计算得出的。

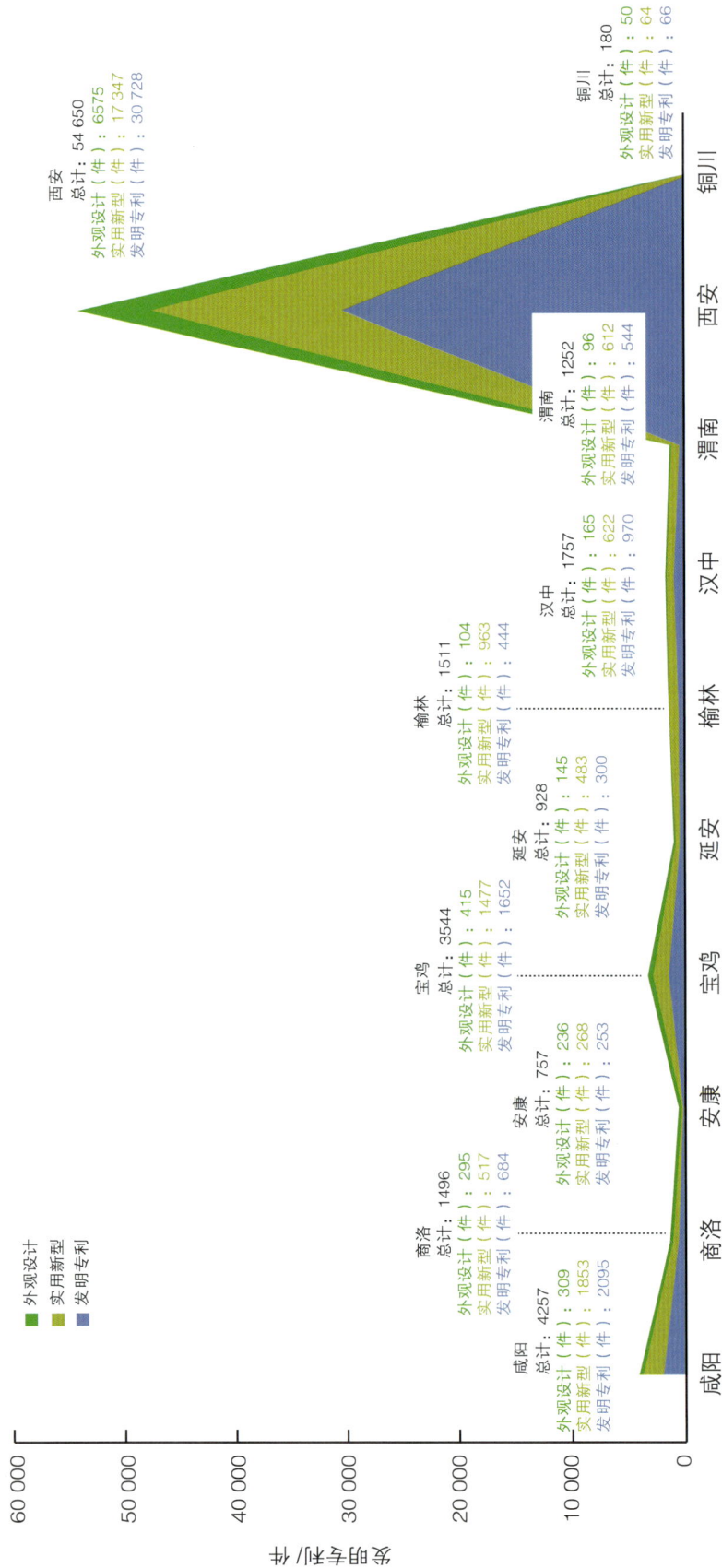

图 2-20 2018 年陕西 10 地市专利的公开量数据

西安
总计：54 650
外观设计（件）：6575
实用新型（件）：17 347
发明专利（件）：30 728

铜川
总计：180
外观设计（件）：50
实用新型（件）：64
发明专利（件）：66

渭南
总计：1252
外观设计（件）：96
实用新型（件）：612
发明专利（件）：544

汉中
总计：1757
外观设计（件）：165
实用新型（件）：622
发明专利（件）：970

榆林
总计：1511
外观设计（件）：104
实用新型（件）：963
发明专利（件）：444

延安
总计：928
外观设计（件）：145
实用新型（件）：483
发明专利（件）：300

宝鸡
总计：3544
外观设计（件）：415
实用新型（件）：1477
发明专利（件）：1652

安康
总计：757
外观设计（件）：236
实用新型（件）：268
发明专利（件）：253

商洛
总计：1496
外观设计（件）：295
实用新型（件）：517
发明专利（件）：684

咸阳
总计：4257
外观设计（件）：309
实用新型（件）：1853
发明专利（件）：2095

图例：外观设计、实用新型、发明专利

（二）地市发明专利申请主体

1. 西安市

2018 年西安市的发明专利公开量为 30 728 件，申请主体以大专院校和央属企业为主，两者专利数量之和占全市发明专利公开量的 84.23％（大专院校占比 48.30％，企业占比 35.93％）。全市申请量排名前十的机构均为高校（图 2-21）。非高校申请机构 TOP 10（图 2-22）中发明专利申请量居第 2 位的民营企业西安艾润物联网技术服务有限责任公司的专利公开量中超过 97.00％ 为发明专利。

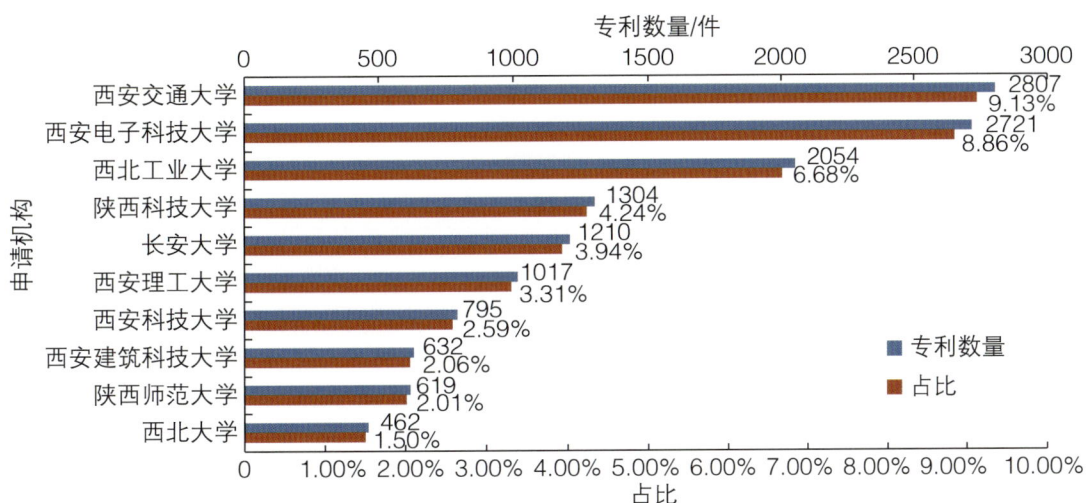

图 2-21　2018 年公开的西安市发明专利申请机构 TOP 10

（注：图中占比指 2018 年公开的发明专利中该机构的公开量占西安市公开量的比重。后面图 2-22 至图 2-41 中的占比含义指某机构 2018 年发明专利公开量占该机构所属地市发明专利公开量的比重，在此一并说明，不再分别解释）

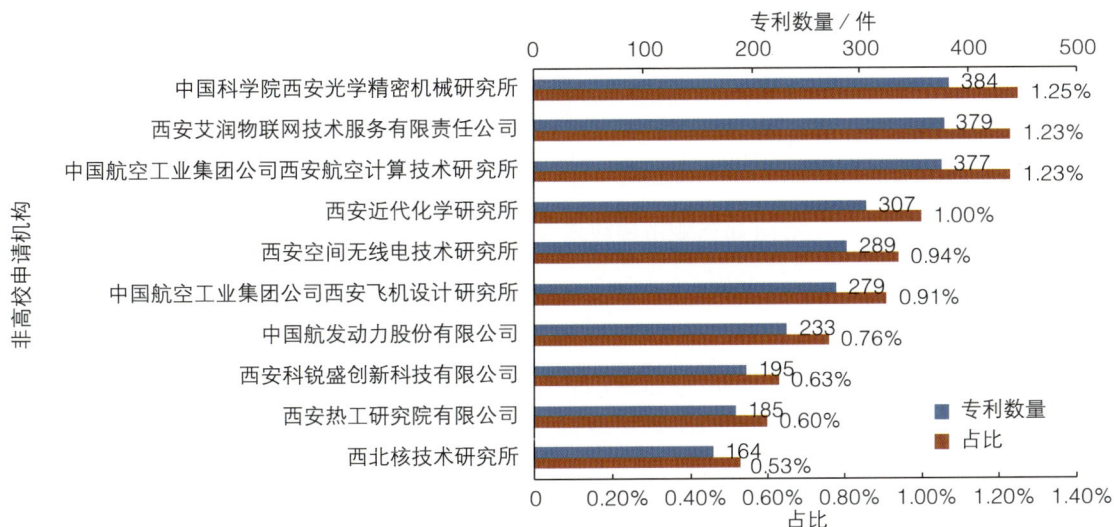

图 2-22　2018 年公开的西安市发明专利非高校申请机构 TOP 10

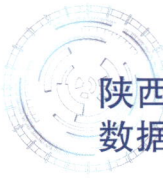

2018年西安市发明专利授权量为8025件，申请主体仍以高校和央属院所为主导，两者专利数量之和约占85.00%；其中，高校占到56.00%（图2-23和图2-24）。

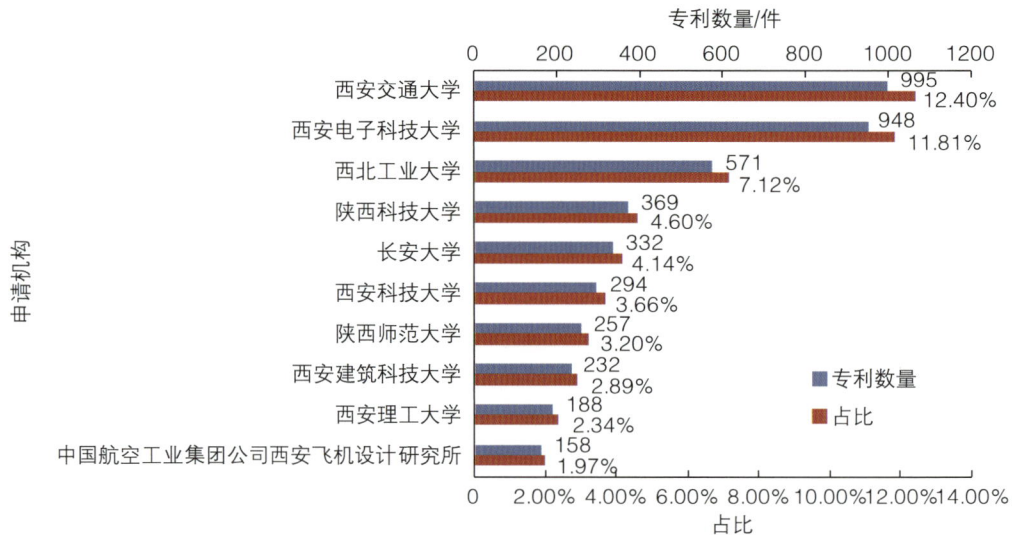

图 2-23　2018 年西安市授权发明专利申请机构 TOP 10

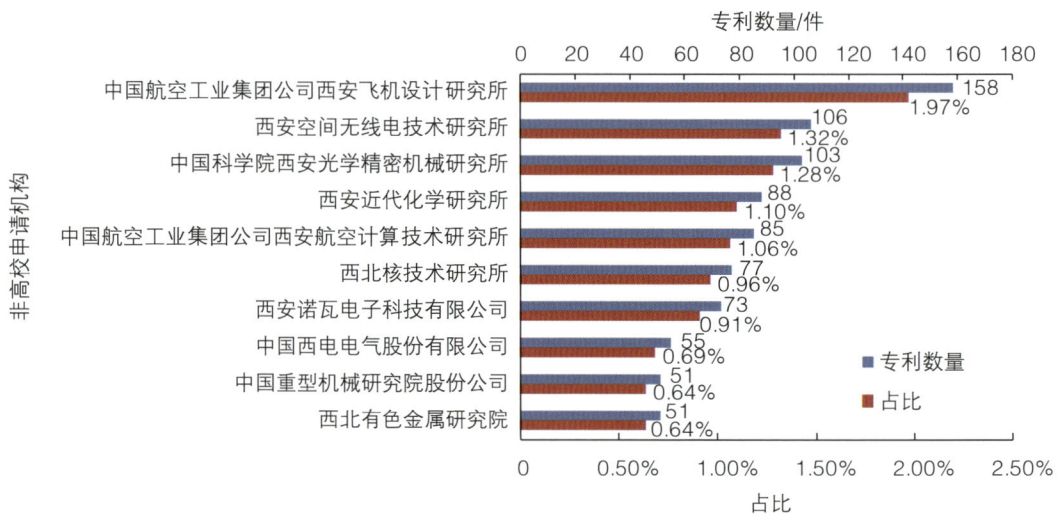

图 2-24　2018 年西安市授权发明专利非高校申请机构 TOP 10

2. 咸阳市

2018年咸阳市发明专利公开量为2095件，居TOP 10的申请机构仍以高校和国企为主导（图2-25），两者数量之和占咸阳市总量的68.83%。西北农林科技大学遥遥领先，占比达到28.64%。

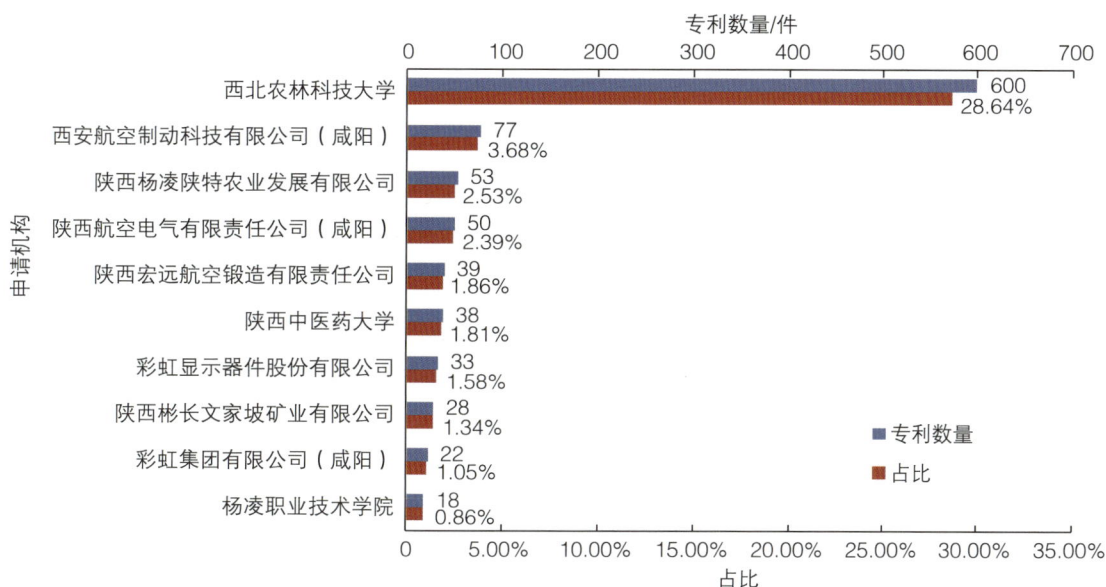

图 2-25 2018 年公开的咸阳市发明专利申请机构 TOP 10

2018 年咸阳市发明专利授权量为 295 件，申请机构中国企和高校的专利数量合计接近咸阳市总量的 90.00%（图 2-26）；西北农林科技大学约占 1/3。

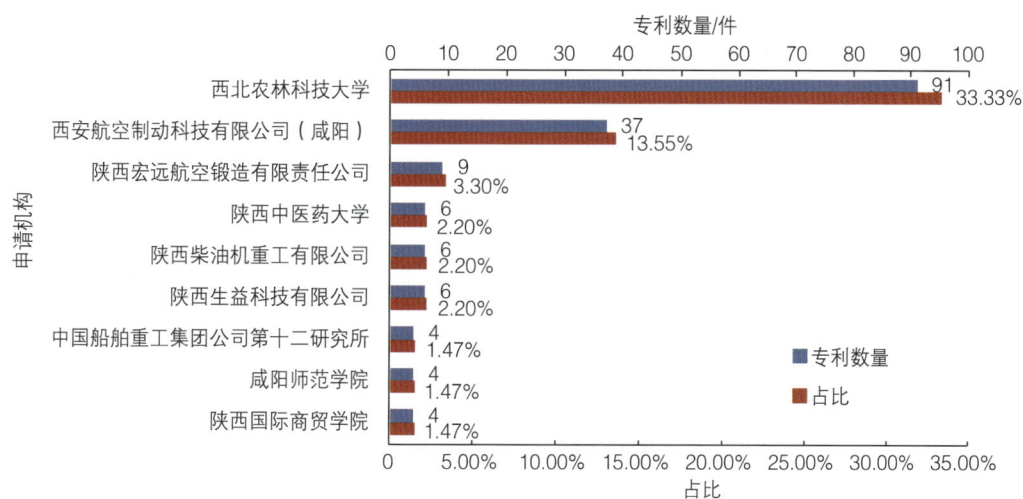

图 2-26 2018 年咸阳市授权发明专利申请机构 TOP 9[①]

————————————
① 因 2018 年咸阳市授权发明专利的申请机构除 TOP 9 之外，其余机构均为 1 件，因此此图只选取了机构 TOP 9。

3. 宝鸡市

2018 年宝鸡市发明专利公开量为 1652 件，申请机构居 TOP 10 的以企业为主，企业申请量约占全市总量的 55.00%。特别是几家民营企业有良好表现。因宝鸡地区高校很少，宝鸡文理学院虽居榜首，但高校总量占比仅为 7.20%（图 2-27）。

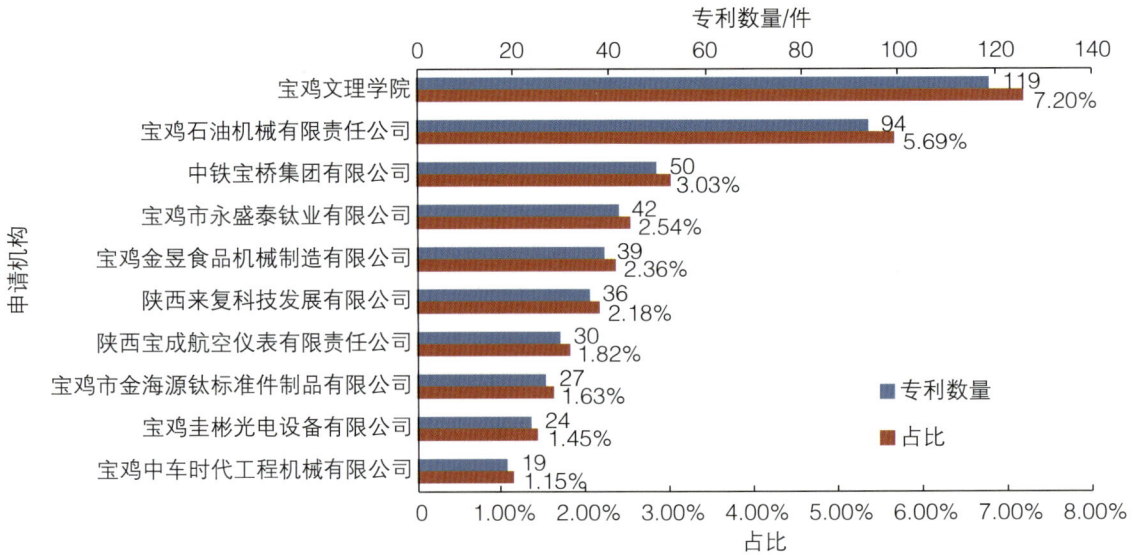

图 2-27　2018 年公开的宝鸡市发明专利申请机构 TOP 10

2018 年宝鸡市发明专利授权量为 187 件，申请主体以企业为主，占比近 80.00%（图 2-28）。

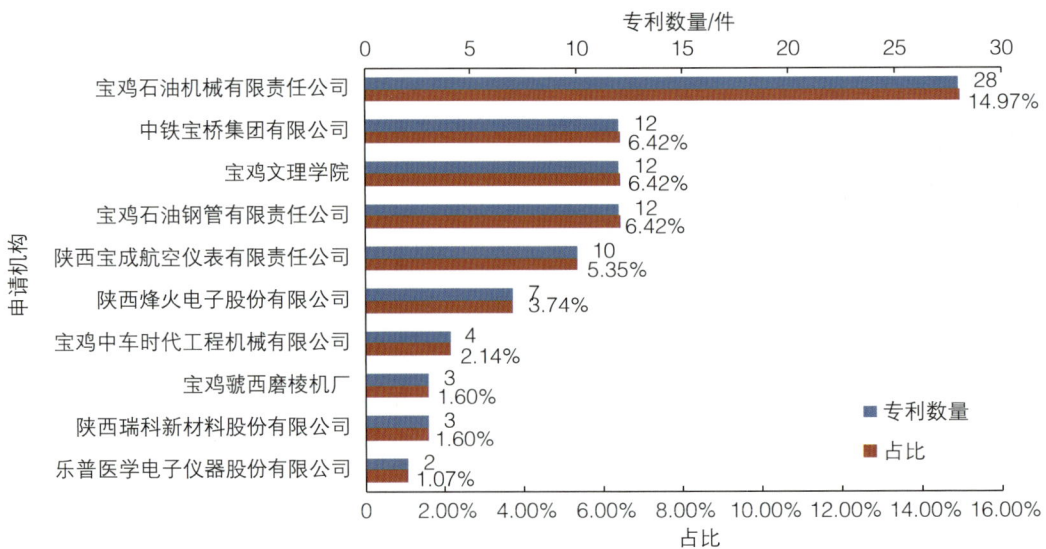

图 2-28　2018 年宝鸡市授权发明专利申请机构 TOP 10

4. 汉中市

2018 年汉中市发明专利公开量为 970 件，申请主体中自然人申请量占比较大，约占 47.00%。申请机构中陕西理工大学和陕西飞机工业（集团）有限公司两家占了绝对优势，民营企业相对较弱。

2018 年汉中市发明专利授权量为 113 件，申请机构分布与公开发明专利的申请机构情况相似，仍以陕西理工大学和陕西飞机工业（集团）有限公司两家占主导（图 2-29 和图 2-30）。

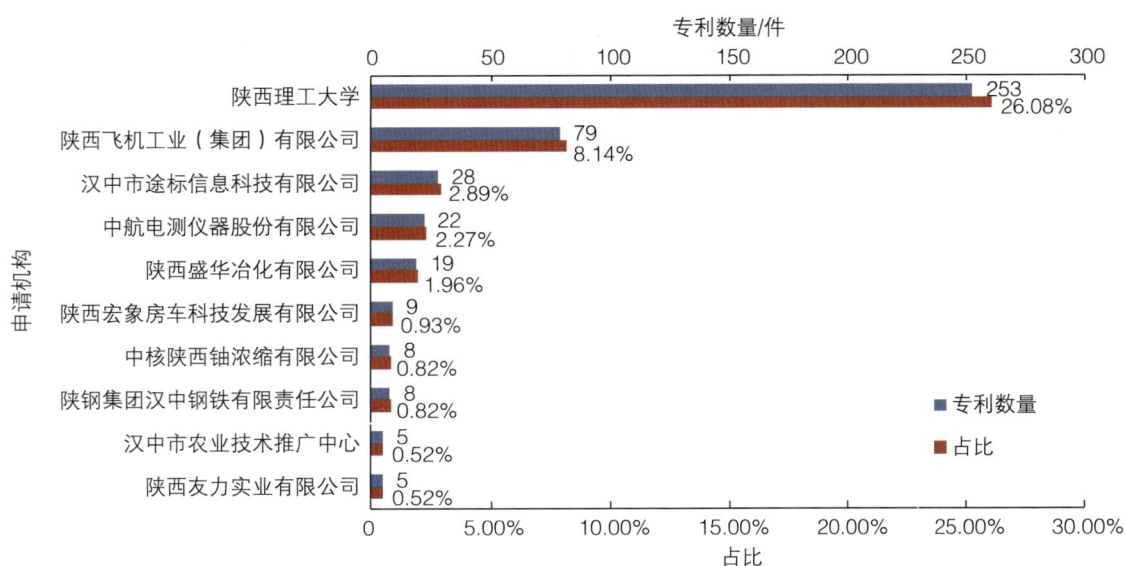

图 2-29　2018 年公开的汉中市发明专利申请机构 TOP 10

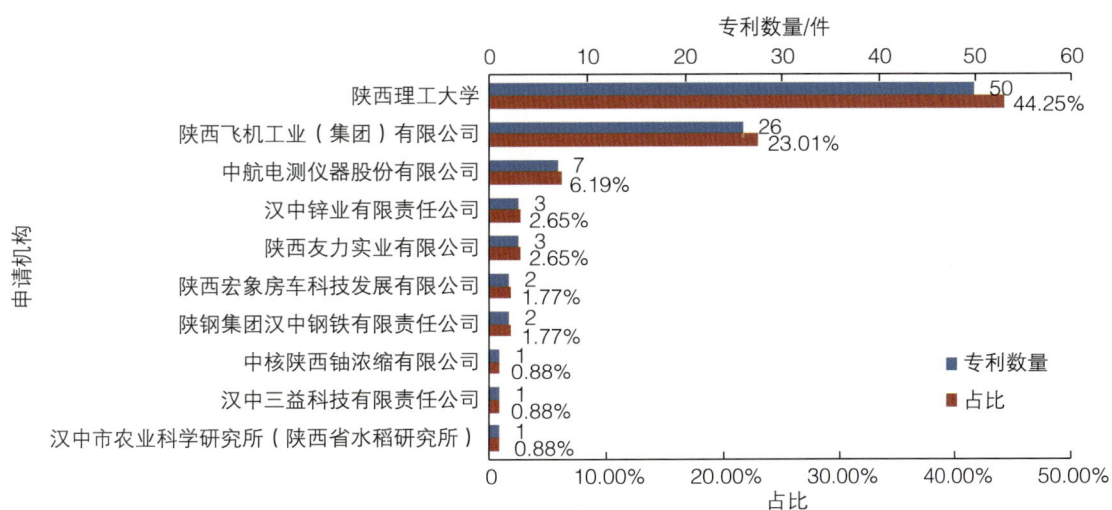

图 2-30　2018 年汉中市授权发明专利申请机构 TOP 10

5. 商洛市

2018 年商洛市发明专利公开量为 684 件，申请主体中自然人申请量占比超过一半，约占 53.00%；前 3 位自然人分别是李常青（44 件）、乔丹芳（17 件）和雷建设（16 件）。

2018 年商洛市发明专利授权量为 30 件，申请主体中除了排名第一的商洛学院外（占比 53.33%），民营企业表现突出。图 2-31 和图 2-32 是以申请机构进行统计排名的结果（不含自然人）。

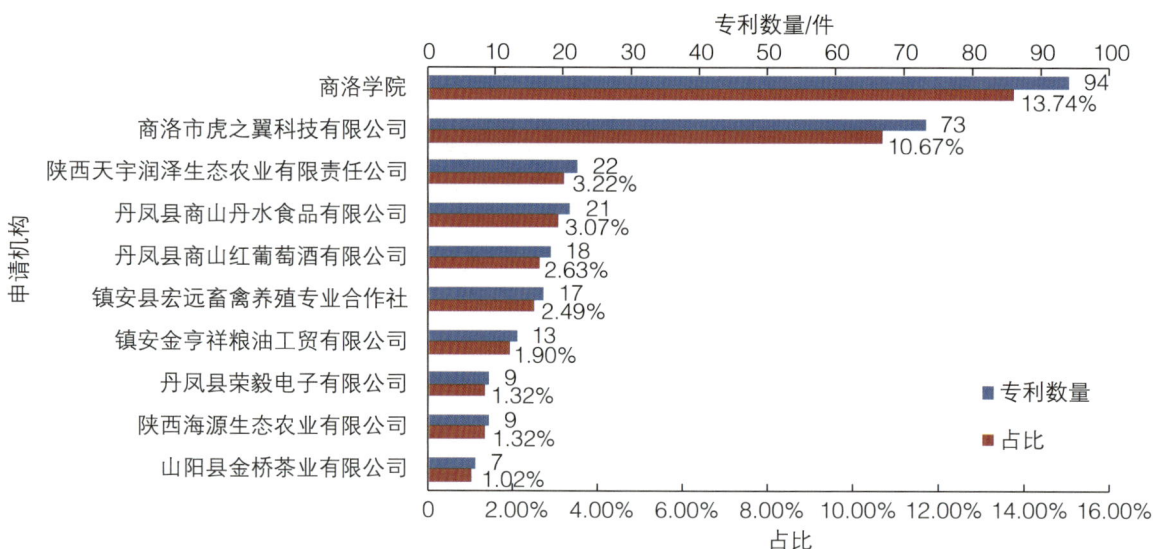

图 2-31　2018 年公开的商洛市发明专利申请机构 TOP 10

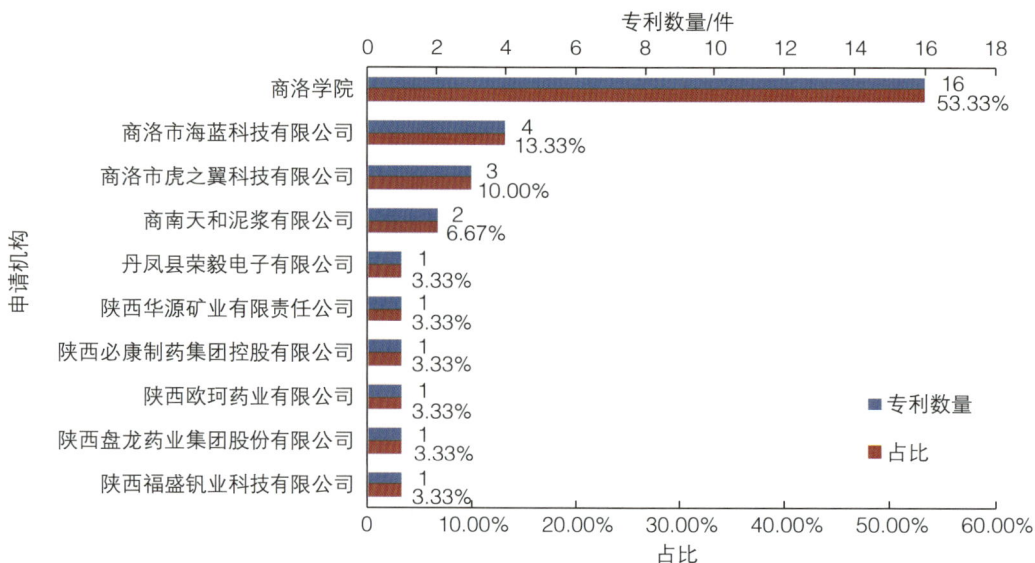

图 2-32　2018 年商洛市授权发明专利申请机构 TOP 10

6. 渭南市

2018 年渭南市发明专利公开量为 544 件，申请机构居 TOP 10 的以企业为主，企业申请量占全市总量的 60.77%，尤其是民营企业表现良好。因渭南地区高校很少，仅有陕西铁路工程职业技术学院进入 TOP 10 机构，且大专院校占比仅 5.47%。自然人申请量占比较大，约 32.48%；前 3 位自然人分别为张通（13 件）、丁海燕和郭铜川（各 10 件）。2018 年渭南市发明专利授权量为 108 件，申请主体以企业为主，占比达 73.64%，民营企业表现突出。图 2-33、图 2-34 是以申请机构进行统计排名的结果（不含自然人）。

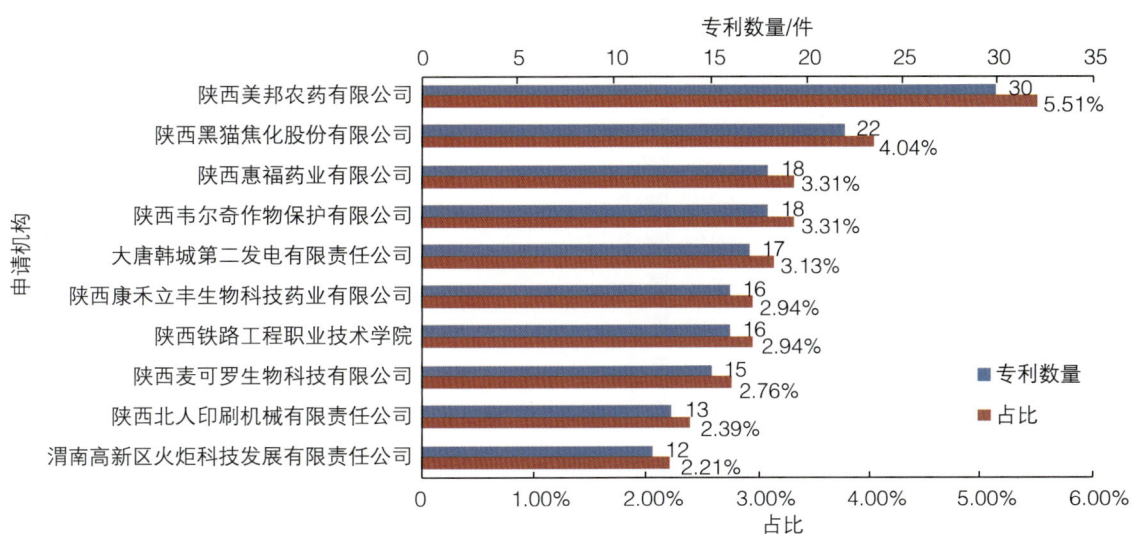

图 2-33　2018 年公开的渭南市发明专利申请机构 TOP 10

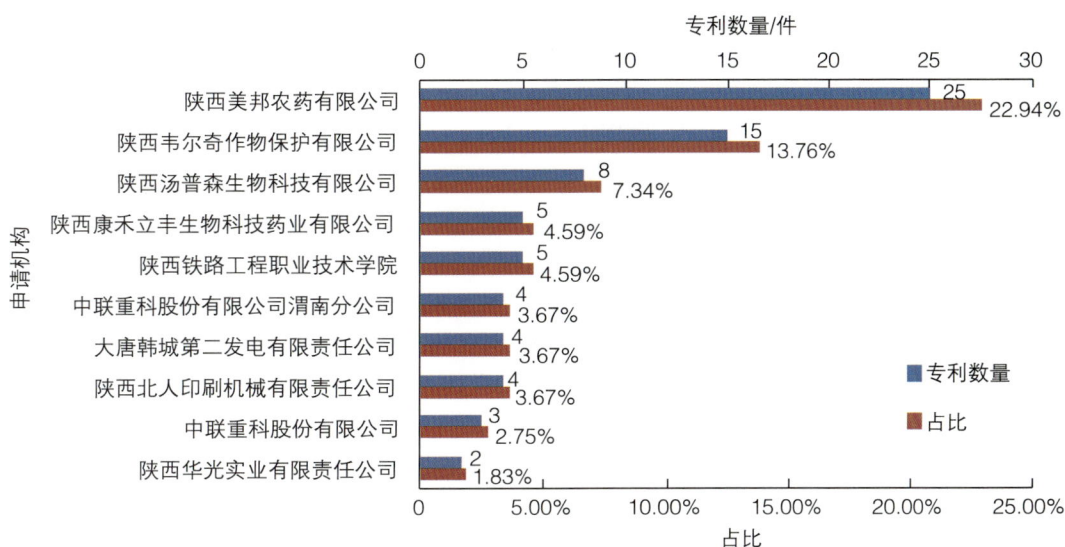

图 2-34　2018 年渭南市授权发明专利申请机构 TOP 10

7. 榆林市

2018 年榆林市发明专利公开量为 444 件，申请主体中，自然人、大专院校和企业三分天下，自然人占比 35.32%、大专院校占比 34.44%、企业占比 28.48%。2018 年榆林市发明专利授权量为 52 件，其中自然人占比 37.04%、大专院校占比 31.48%、企业占比 27.78%。榆林学院表现突出，在榆林市发明专利公开和授权量中的占比分别达到 33.56% 和 30.77%。图 2-35 和图 2-36 是以申请机构进行统计排名的结果（不含自然人）。

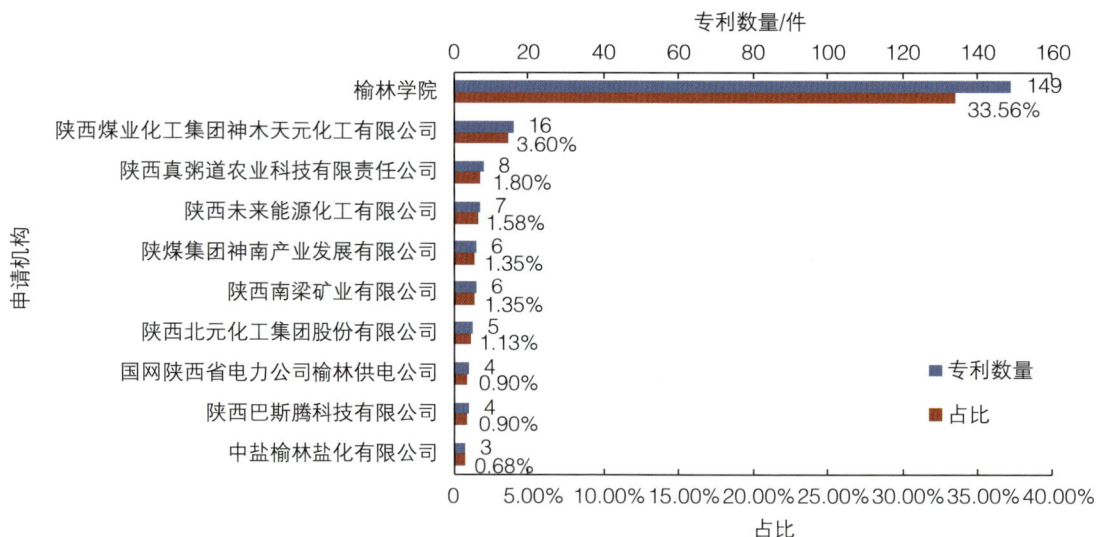

图 2-35　2018 年公开的榆林市发明专利申请机构 TOP 10

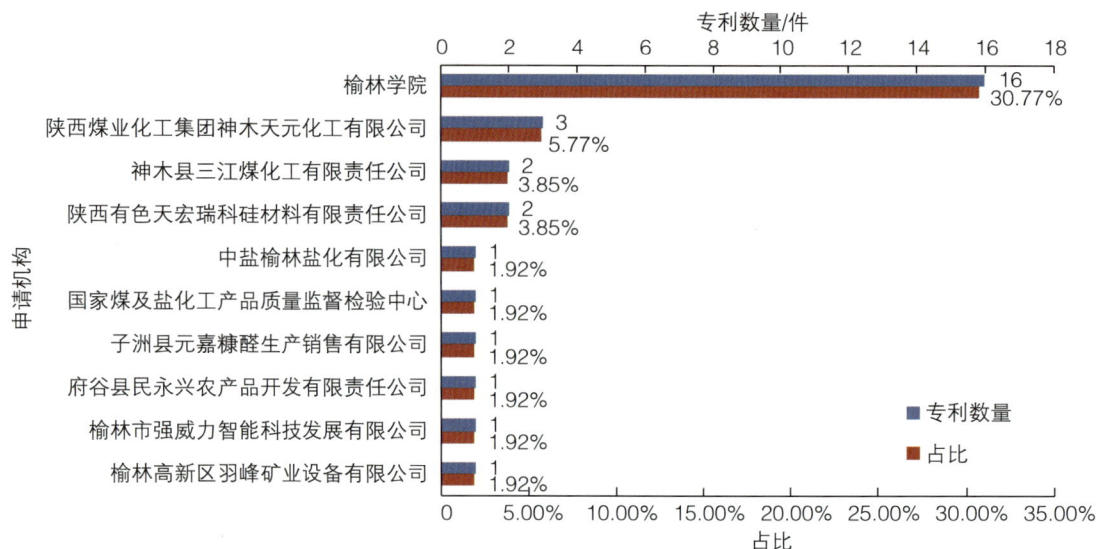

图 2-36　2018 年榆林市授权发明专利申请机构 TOP 10

8. 延安市

2018 年延安市发明专利公开量为 300 件，申请主体中，自然人占比 48.22%、大专院校占比 27.83%、企业占比 22.33%；发明专利授权量为 43 件，申请主体中，企业占比 44.00%、自然人占比 28.00%、大专院校占比 28.00%。延安大学专利数量最大，在延安市发明专利公开和授权量中的占比分别达到 25.67% 和 22.22%。图 2-37 和图 2-38 是以申请机构进行统计排名的结果（不含自然人）。

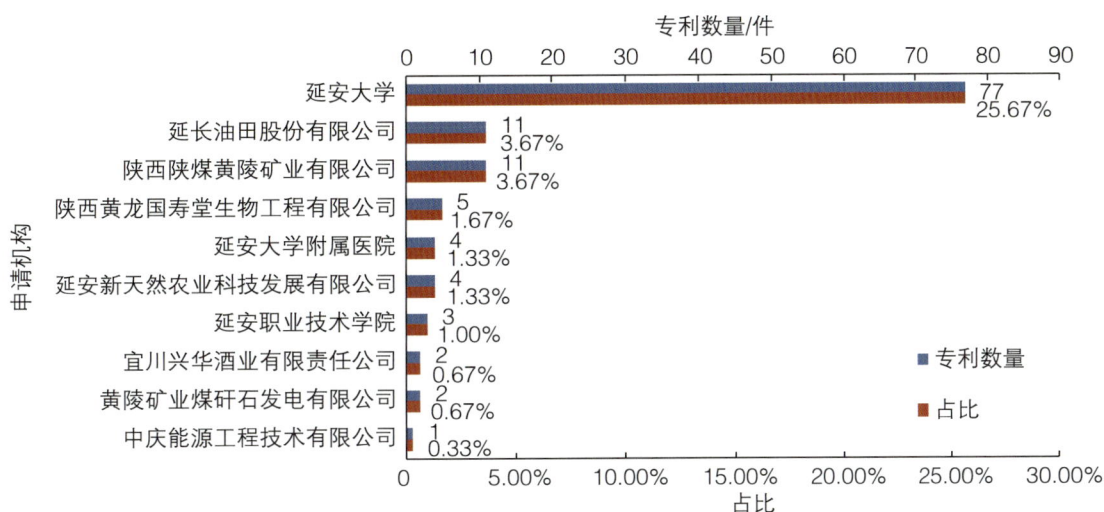

图 2-37　2018 年公开的延安市发明专利申请机构 TOP 10

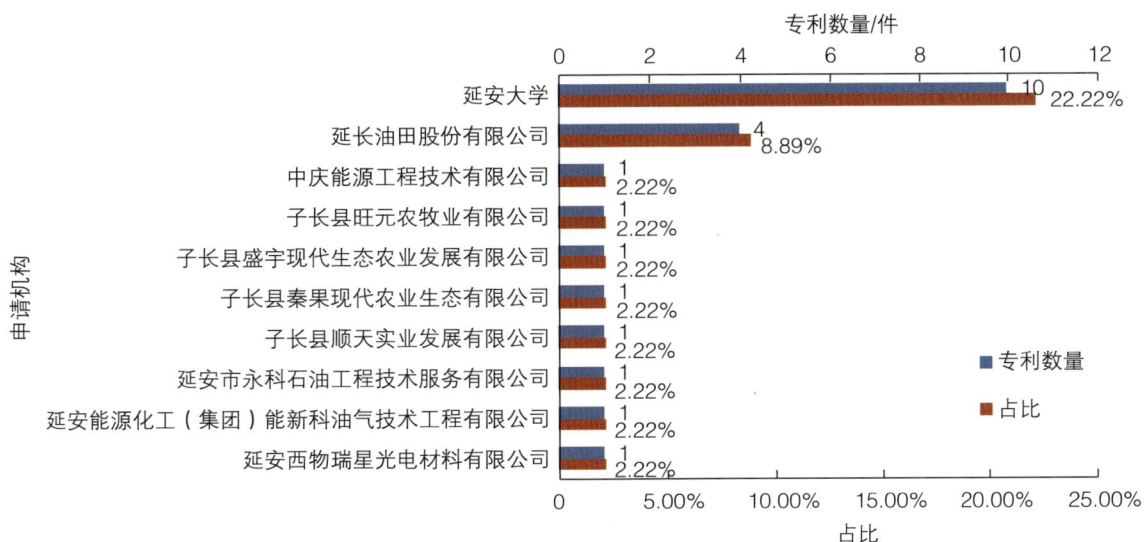

图 2-38　2018 年延安市授权发明专利申请机构 TOP 10

9. 安康市

2018 年安康市发明专利公开量为 253 件，申请主体中，自然人占比 43.02%、企业占比 42.25%、大专院校占比 9.30%；发明专利授权量为 25 件，申请主体中，企业占比 40.00%、自然人占比 40.00%、大专院校占比 16.00%。除去申请主体为自然人的情况，授权发明专利申请主体共涉及 8 个单位。图 2-39 和图 2-40 是以申请机构进行统计排名的结果（不含自然人）。

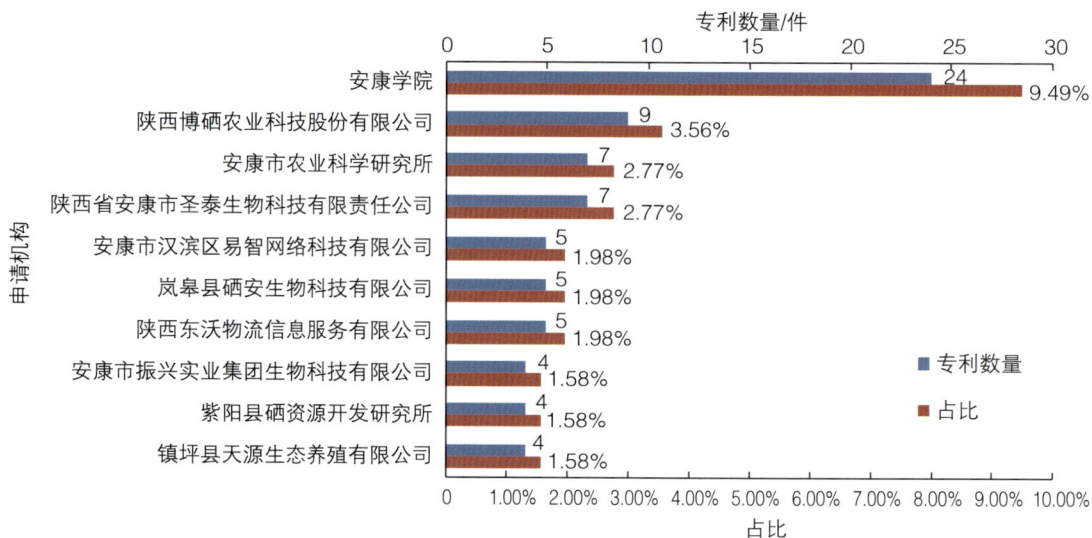

图 2-39　2018 年公开的安康市发明专利申请机构 TOP 10

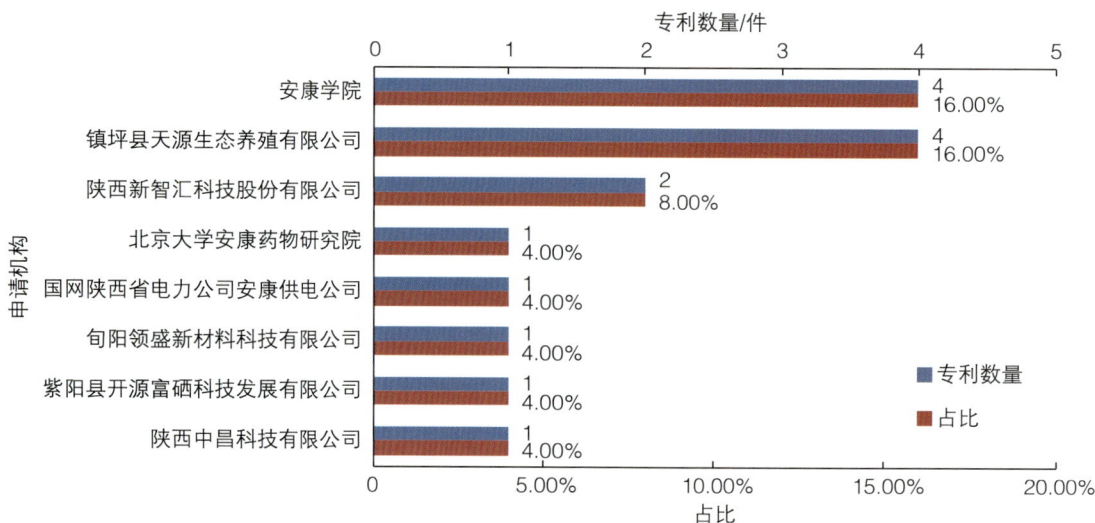

图 2-40　2018 年安康市授权发明专利申请机构

10. 铜川市

2018 年铜川市发明专利公开量为 66 件，申请主体中，自然人占主导地位，占比为 78.79%，排名前两位的自然人分别为杨文彬（10 件）和张迪超（7 件），师新虎、李万奎和韩庆捷（各 6 件）排名并列第三；企业占比 21.21%。除去申请主体为自然人的情况，共涉及 9 家企业（图 2-41）。

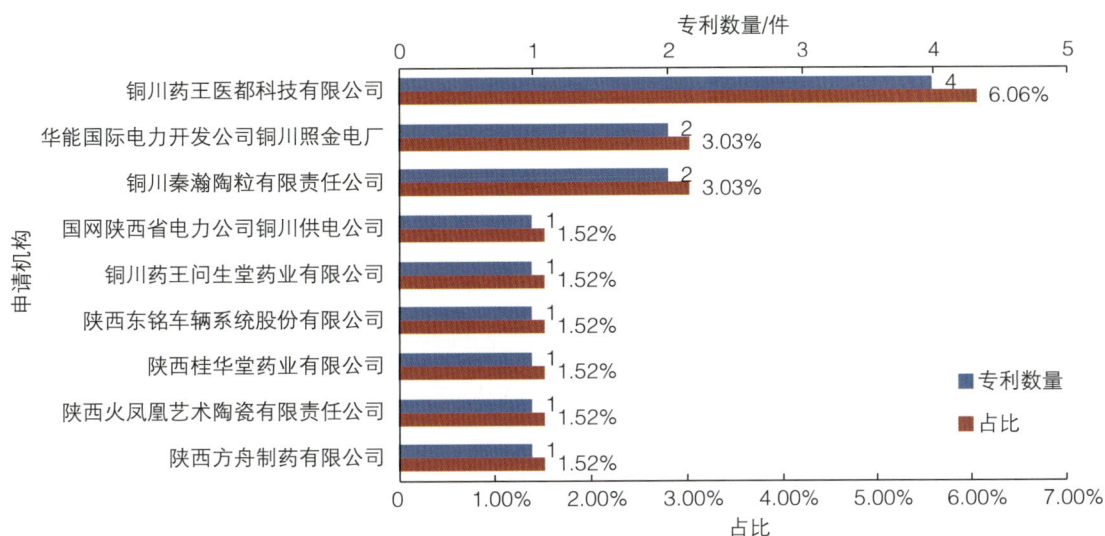

图 2-41　2018 年公开的铜川市发明专利申请机构

2018 年铜川市发明专利授权量仅 6 件，除去申请主体为自然人的情况，共涉及 2 家公司，分别为华能国际电力开发公司铜川照金电厂、陕西东铭车辆系统股份有限公司（表 2-6）。

表 2-6　2018 年铜川市授权发明专利的申请机构

申请机构	专利数量 / 件	占比
华能国际电力开发公司铜川照金电厂	2	33.33%
陕西东铭车辆系统股份有限公司	1	16.67%

（整理编写：张秀妮　杨程凯）

第三章

陕西"国外专利"数据

一、专利总量数据

2018 年，陕西申请的国外专利（包括 PCT 国际专利、欧洲专利、美国专利、日本专利、韩国专利）公开总量为 503 件（图 3-1），DWPI 同族专利数为 422 个。陕西申请的美国专利（188 件）和 PCT 国际专利（151 件）数量相对较多。

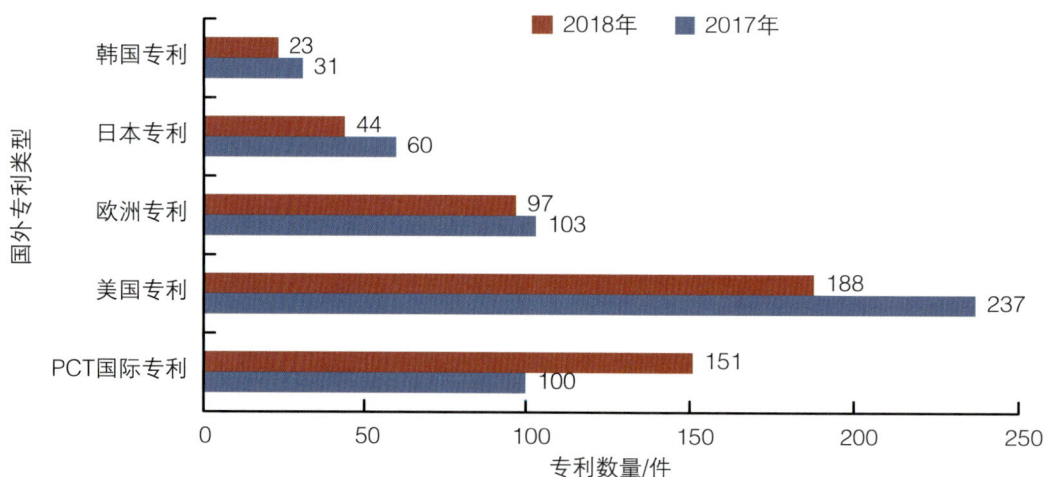

图 3-1　2018 年陕西申请的国外专利公开数据

2018 年，陕西申请的国外专利公开量排前两位的是西安中兴新软件有限责任公司和西安西电捷通无线网络通信股份有限公司两家信息技术和通信领域的高科技公司。两家公司均有申请 PCT 国际专利、美国专利、欧洲专利、日本专利、韩国专利等，而排第 3 位的西安交通大学比较注重 PCT 国际专利和美国专利的申请，在日本和韩国缺少专利布局。图 3-2 列出的申请主体 TOP 10 中，以企业居多，也从一个方面反映陕西高科技企业参与国际技术竞争的活力和实力比省内高校更强些。

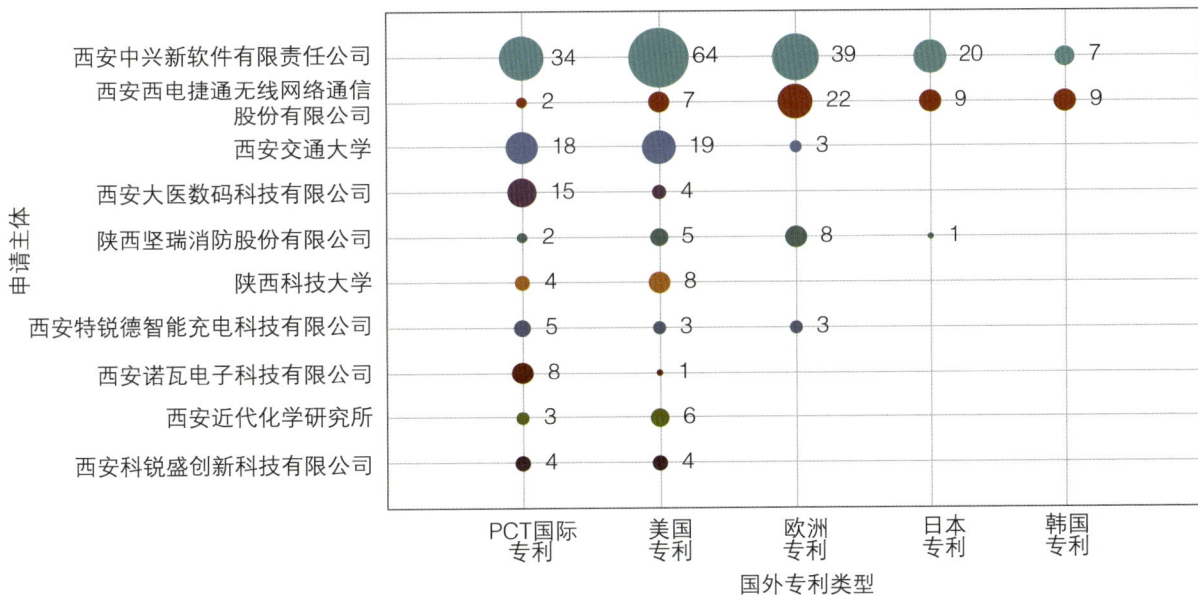

图 3-2 2018 年陕西申请的国外专利申请主体 TOP 10（单位：件）

2018 年，陕西申请的国外公开专利主要分布在电通信技术和生物医药技术领域，其中，IPC 分类中的 H04L（数字信息的传输）和 H04W（无线通信网络）两类，都超过 90 件（表 3-1），显示出陕西在电学（H 类），特别是电子通信领域有明显的比较优势。

表 3-1 2018 年陕西申请的国外专利 IPC 分类 TOP 10

序号	IPC 小类	释义	专利数量 / 件
1	H04L	数字信息的传输，如电报通信	120
2	H04W	无线通信网络	93
3	G06F	电数字数据处理	45
4	H04B	传输	30
5	A61N	电疗；磁疗；放射疗；超声波疗	25
6	A61K	医用、牙科用或梳妆用的配制品	24
7	C07C	无环或碳环化合物	22
8	A61P	化合物或药物制剂的特定治疗活性	21
9	H04N	图像通信，如电视	19
10	H01Q	天线	16

二、PCT 国际专利数据

（一）专利公开数据

2018 年，我国 PCT 国际专利公开量为 47 500 余件，同比增长 22.50%。其中，陕西 151 件，仅占全国总量的 0.3%。陕西的 PCT 国际专利的主要申请机构如表 3-2 和图 3-3 所示。排名前 3 位的申请机构是西安中兴新软件有限责任公司、西安交通大学和西安大医集团有限公司，PCT 公开专利数量均不少于 15 件。特别是在"中兴事件"之后，西安中兴新软件有限责任公司更加注重国际专利布局，2018 年该公司的 PCT 国际专利公开量比上年增加了 23 件；西安大医集团有限公司的 PCT 国际专利公开量比上年增加了 9 件。陕西企业的 PCT 国际专利申请活动比高校活跃。

表 3-2　2018 年公开的陕西的 PCT 国际专利申请主体 TOP 10

序号	申请主体	涉及的主要 IPC 小类①/件	释义
1	西安中兴新软件有限责任公司	G06F（13） H04N（4）	电数字数据处理 图像通信，如电视
2	西安交通大学	C21B（3） H02N（2）	铁或钢的冶炼 发电、变电或配电中其他类目不包含的电机
3	西安大医集团有限公司	A61N（13）	电疗；磁疗；放射疗；超声波疗
4	西安诺瓦电子科技有限公司	G09G（7）	对用静态方法显示可变信息的指示装置进行控制的装置或电路
5	西安金百泽电路科技有限公司	H05K（6）	印刷电路；电设备的外壳或结构零部件；电气元件组件的制造
6	西安慧康生物科技有限责任公司	C07K（2）	肽
7	西安特锐德智能充电科技有限公司	B60L（3） H02J（2）	一般机械振动的发生或传递 供电或配电的电路装置或系统；电能存储系统
8	陕西科技大学	C14C（2）	用化学药品、酶或微生物处理小原皮、大原皮或皮革；所用的设备；鞣制组合物

① 因每件专利涉及多个分类号，故此表中 IPC 分类号后括弧内的专利数与各机构公开专利的合计数不相等（专利分类数据之和＞各机构专利数据之和）。后续表格中同理，不再注释。

续表

序号	申请主体	涉及的主要 IPC 小类[①]/件	释义
9	陕西师范大学	G01N（1） G03D（1） A63B（1） C11B（1）	借助测定材料化学或物理性质来分析材料 加工曝光后的照相材料的设备 体育锻炼或训练等用的器械；球类 从原材料或废料中压榨、萃取，精制或保藏脂、脂肪物质
10	西安科锐盛创新科技有限公司	H01Q（3） H01L（3）	天线 半导体器件

注：括号中数字是该分类号下 2018 年公开的陕西的 PCT 国际专利的数量。

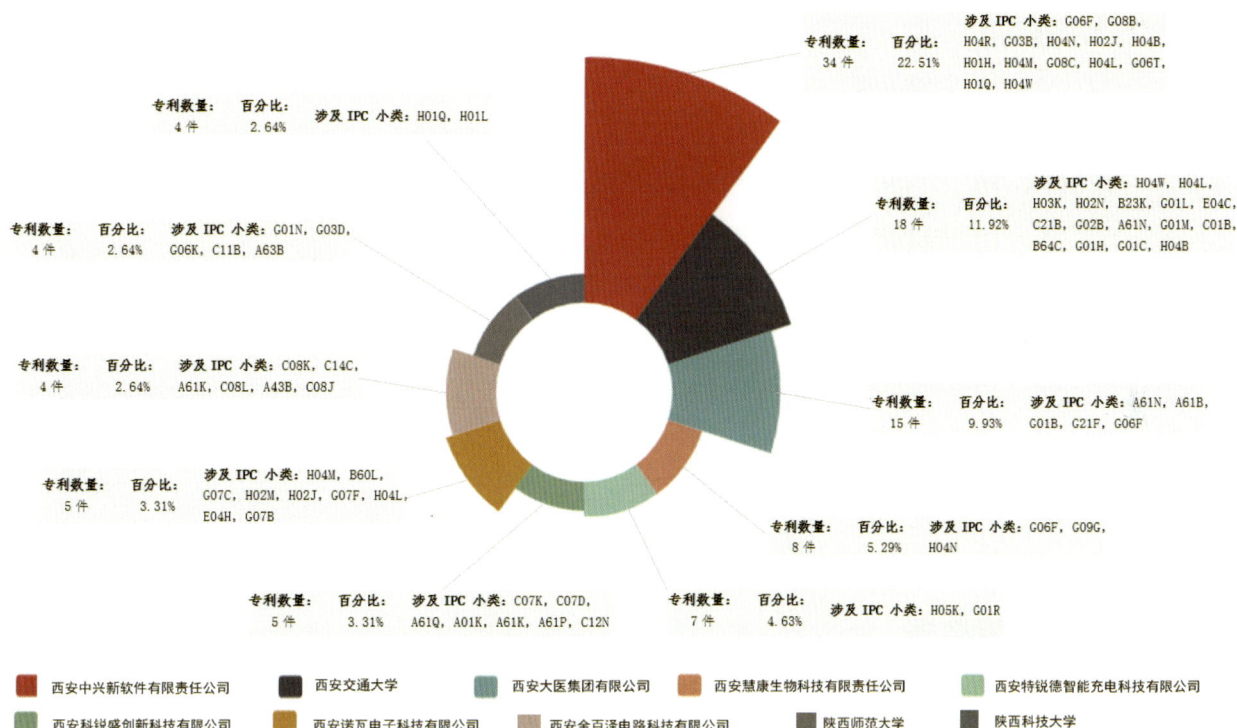

图 3-3 2018 年公开的陕西的 PCT 国际专利申请主体 TOP 10

（二）IPC 分类数据

2018 年公开的陕西的 PCT 国际专利的技术领域主要分布在 G06（计算、推算、计数）、A61（医学或兽医学、卫生学）和 H04（电通信技术）等几大类。具体的技术领域方向中 G06F（电数字数据处理）的专利数量增加了一倍之多，主要是西安中兴新软件有限责任公司的贡献。H（电学）和 G（物理）两个大类的专利数量占绝对优势，几乎占到了 85%（表 3-3），是陕西 PCT 国际专利的主要技术领域，也说明陕西在这两个技术方向上有一定的竞争力。

表 3-3　2018 年公开的陕西的 PCT 国际专利 IPC 分类

序号	IPC 小类	释义	专利数量 / 件	百分比
1	G06F	电数字数据处理	21	13.91%
2	A61N	电疗；磁疗；放射疗；超声波疗	18	11.92%
3	H04L	数字信息的传输，如电报通信	9	5.96%
4	G09G	仅考虑与阴极射线管指示器连接的控制装置或电路；仅考虑与除阴极射线管以外的目视指示器连接的控制装置和电路；阴极射线管指示器及其他目标指示器通用的目视指示器的控制装置或电路	7	4.64%
5	H04N	图像通信	6	3.97%
6	H04W	无线通信网络	6	3.97%
7	H05K	印刷电路；电设备的外壳或结构零部件；电气元件组件的制造	6	3.97%
8	A61K	医用、牙科用或梳妆用的配制品	4	2.65%
9	G06Q	专门适用于行政、商业、金融、管理、监督或预测目的的数据处理系统或方法	4	2.65%
10	H01L	半导体器件	4	2.65%
11	H02J	供电或配电的电路装置或系统；电能存储系统	4	2.65%
12	H01Q	天线	4	2.65%

三、美国专利数据

（一）专利公开数据

2018 年，我国申请的美国专利公开量为 41 113 件，同比增长 8.18%。其中，北京 7693 件，上海 3447 件；而陕西 188 件，与北京、上海差距较大，约为北京的 1/41、上海的 1/18。

陕西共有 97 家机构申请了美国专利，主要申请机构是西安中兴新软件有限责任公司和西安交通大学，专利公开数量分别为 64 件和 16 件（表 3-4 和图 3-4），但是在数量上比上年减少很多；其他机构申请的美国专利，公开数量都不超过 7 件，基本上也就是 1 ～ 2 件。陕西企业的美国专利申请活动比陕西高校活跃且有效。

表 3-4　2018 年公开的陕西的美国专利主要申请机构数据

序号	申请主体	涉及的主要 IPC 小类（件）	释义
1	西安中兴新软件有限责任公司	H04W（40） H04L（34）	无线通信网络 数字信息的传输
2	西安交通大学	H04N（3） H02H（3） G06T（3）	图像通信 紧急保护电路装置 混合计算装置
3	西安西电捷通无线网络通信股份有限公司	H04L（7）	数字信息的传输
4	西安电子科技大学	H01L（2）	半导体器件
5	陕西科技大学	C07D（4）	杂环化合物
6	陕西坚瑞消防股份有限公司	A62D（4）	灭火用化学装置、方法或材料组合物
7	西安优尼科半导体有限公司	G11C（4） G06F（3）	静态存储器 电数字数据处理
8	西安紫光国芯半导体有限公司	G06F（3） G11C（3）	电数字数据处理 静态存储器
9	西安创客科技有限公司	H01L（4） H01Q（4）	半导体器件 天线

注：括号中数字是该分类号下 2018 年陕西在美国公开专利的数量。

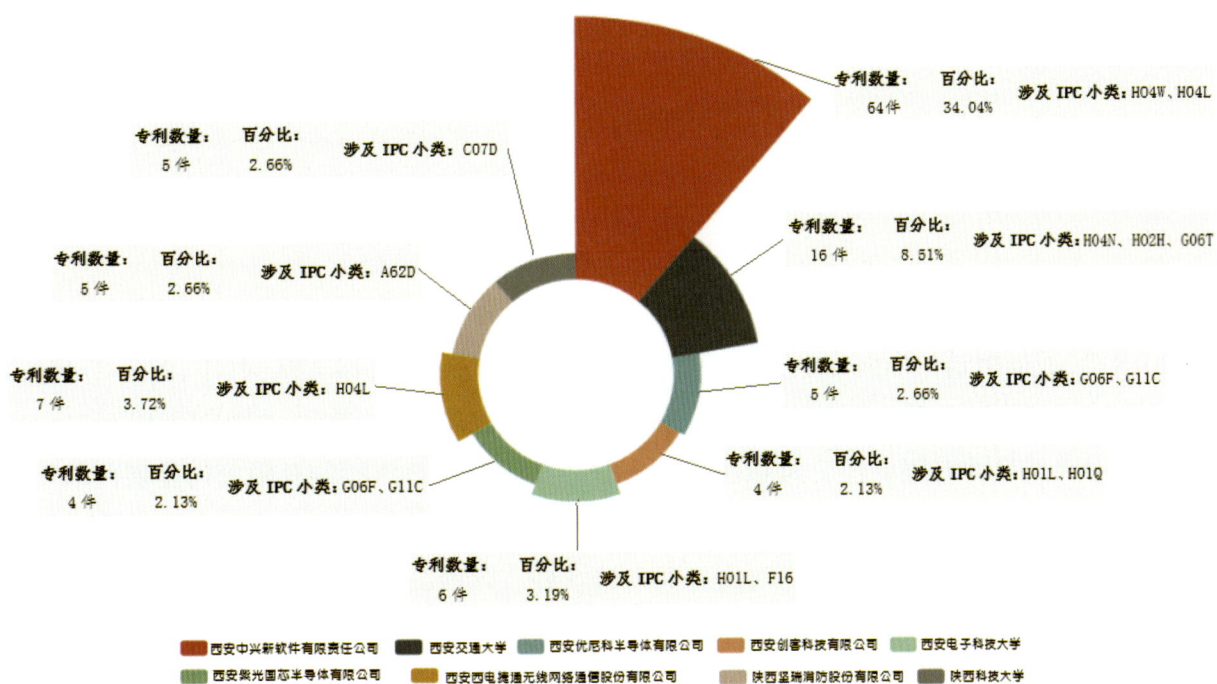

图 3-4　2018 年公开的陕西的美国专利主要申请主体数据

（二）IPC 分类数据

2018 年公开的陕西取得的美国专利的技术主要分布在 H04 电通信技术，C07 有机化学和 A61 医学、卫生学等几大类，特别是 H04 类（电通信技术）类占到一半以上，居有明显优势（表 3-5），主要还是西安中兴新软件有限公司的贡献。与上年相比，除了 H04 电通信技术之外，陕西在化学和医药卫生领域申请的美国专利也有所增加。

表 3-5　2018 年公开的陕西的美国专利 IPC 分类

序号	IPC 小类	释义	专利数量 / 件	百分比
1	H04L	数字信息传输	43	22.87%
2	H04W	无线通信网络	41	21.81%
3	H04B	电学信号传输	16	8.51%
4	G06F	电数字数据处理	12	6.38%
5	C07C	无环或碳环化合物	10	5.32%
6	B01J	一般的物理或化学的方法或装置	10	5.32%
7	A61K	医用、牙科用或梳妆用的配制品	9	4.79%
8	A61B	诊断；外科；鉴定	8	4.26%
9	C07D	杂环化合物	8	4.26%
10	H01L	半导体器件	8	4.26%

四、欧洲专利数据

（一）专利公开数据

2018 年，我国申请的欧洲专利公开量达到 20 655 件，同比增长 14.27%。其中，北京 2746 件，上海 1200 件；陕西 97 件，与北京、上海差距较大，约为北京的 1/28、上海的 1/12。

西安中兴新软件有限责任公司和西安西电捷通无线网络通信股份有限公司是陕西取得的欧洲专利的主要申请机构（表 3-6 和图 3-5），分别申请了 38 件和 22 件。申请机构中仍以企业为主，表现出明显的优势，两所高校共申请 5 件。陕西高校在欧洲的专利布局较弱，在技术创新方面远不如几家高新技术企业。

表 3-6   2018 年公开的陕西的欧洲专利主要申请主体数据

序号	申请主体	涉及的主要 IPC 小类（件）	释义
1	西安中兴新软件有限责任公司	H04W（23）	无线通信网络
		H04L（21）	数字信息的传输
2	西安西电捷通无线网络通信股份有限公司	H04L（22）	数字信息的传输
		H04W（9）	无线通信网络
3	陕西坚瑞消防股份有限公司	A62D（7）	通过产生化学变化使有害的化学物质无害或减少害处的方法
		A62C（1）	消防
4	西安交通大学	H02H（2）	紧急保护电路装置
		H01H（2）	紧急保护装置
5	西安特锐德智能充电科技有限公司	H02J（2）	供电或配电的电路装置或系统
		B60L（1）	电动车辆动力装置
6	西北大学	A61P（2）	化合物或药物制剂的特定治疗活性
7	西安华为技术有限公司	H01Q（2）	用于试验天线或测量天线特性的设备
		H01H（1）	电开关

注：括号中数字是该分类号下 2018 年陕西的欧洲专利公开数量。

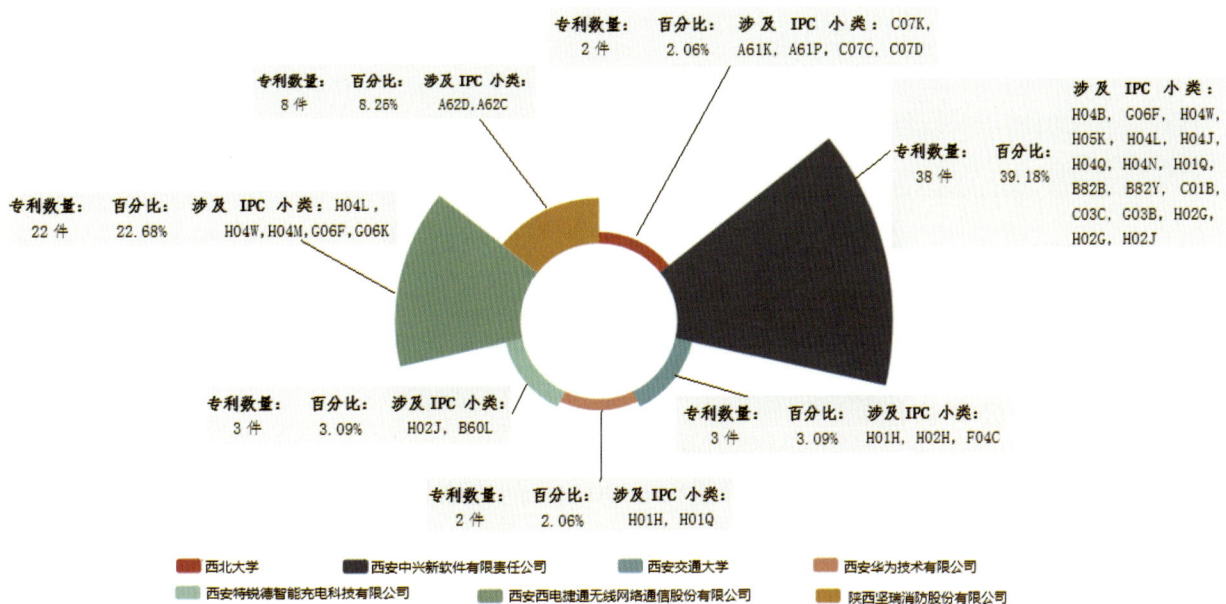

图 3-5   2018 年公开的陕西的欧洲专利主要申请主体数据

（二）IPC 分类数据

2018 年公开的陕西申请的欧洲专利技术领域主要分布在 H04（电通信技术）、A62（救生消防）、G06（计算、推算、计数）和 H02（发电、变电或配电）等几大类（表 3-7），主要还是西安中兴新软件有限公司的贡献，不仅申请 PCT 国际专利，同时在欧洲和美国进行专利申请，反映出该公司在全球的专利布局战略。2018 年，陕西坚瑞消防股份有限公司表现出色，在"灭火组合物"方向新增相关专利 7 件。

表 3-7　2018 年公开的陕西的欧洲专利 IPC 分类

序号	IPC 小类	释义	专利数量 / 件	百分比
1	H04L	数字信息的传输，如电报通信	44	45.36%
2	H04W	无线通信网络	33	34.02%
3	H04B	传输	7	7.22%
4	A62D	灭火用化学装置；通过产生化学变化使有害的化学物质无害或减少害处的方法；用于防护有害化学试剂的覆盖物或衣罩的材料组合物；用于防毒面具、呼吸器、呼吸袋或头盔的透明部件的材料组合物；用于呼吸装置中的化学材料组合物	7	7.22%
5	G06F	电数字数据处理	5	5.15%
6	H02J	供电或配电的电路装置或系统；电能存储系统	5	5.15%
7	H04Q	选择设备或装置（开关、继电器、选择器入 H01H；无线通信网络入 H04W）	4	4.12%
8	A61K	医用、牙科用或梳妆用的配制品	4	4.12%
9	A61P	化合物或药物制剂的特定治疗活性	4	4.12%
10	H01H	电开关；继电器；选择器；紧急保护装置	3	3.09%
11	H01Q	天线	3	3.09%

五、日本专利数据

（一）专利公开数据

2018 年，我国申请的日本专利公开量为 6590 件，同比增长约 8.75%；其中，北京 1127 件，上海 367 件；陕西 44 件，约为北京的 1/25、上海的 1/8。

陕西有 15 家机构联合或独立申请了日本专利（其中有 2 件专利为两家机构联合申请），主要申请机构为西安中兴新软件有限责任公司和西安西电捷通无线网络通信股份有限公司，专利公开数量分别为 20 件和 9 件，主要涉及电通信技术（表 3-8 和图 3-6）。其余机构申请的日本专利的公开量均不超过 3 件。陕西企业的日本专利申请活动比高校活跃。

表 3-8　2018 年公开的陕西的日本专利申请机构数据

序号	申请主体	涉主要 IPC 小类（件）	释义
1	西安中兴新软件有限责任公司	H04W（11） H04L（5）	无线通信网络 数字信息的传输，如电报通信
2	西安西电捷通无线网络通信股份有限公司	H04L（8） G09C（7）	数字信息的传输，如电报通信 用于密码或涉及保密需要的其他用途的编码或译码装置
3	西安力邦医疗产业集团	A61K（2） A61P（2） C07C（2）	医用、牙科用或梳妆用的配制品 化合物或药物制剂的特定治疗活性 无环或碳环化合物
4	西安华为技术有限公司	H01P（1） H01Q（1）	波导，谐振器、传输线或其他波导型器件 天线
5	西北大学、西安蒲阳科技发展有限公司	A61K（1） A61P（1）	医用、牙科用或梳妆用的配制品 化合物或药物制剂的特定治疗活性
6	西安蓝晓科技新材料股份有限公司	C07C（1）	无环或碳环化合物
7	西安中车永电捷通电气有限公司、日立永济电气设备（西安）有限公司	G01M（1）	机器或结构部件的静或动平衡的测试
8	庆安集团有限公司	B64C（1）	飞机、直升机
9	陕西坚瑞消防股份有限公司	A62D（1）	灭火用化学装置；用于防护有害化学试剂的覆盖物或衣罩的材料组合物
10	陕西嘉禾生物科技有限公司	A61P（1）	化合物或药物制剂的特定治疗活性
11	陕西摩美得制药有限公司	A61K（1）	医用、牙科用或梳妆用的配制品
12	陕西延长石油（集团）有限责任公司	B01J（1）	化学或物理方法，如催化作用或胶体化学
13	中化近代环保化工（西安）有限公司	C07C（1）	无环或碳环化合物

注：括号中数字是该分类号的 2018 年陕西的日本专利公开数量。

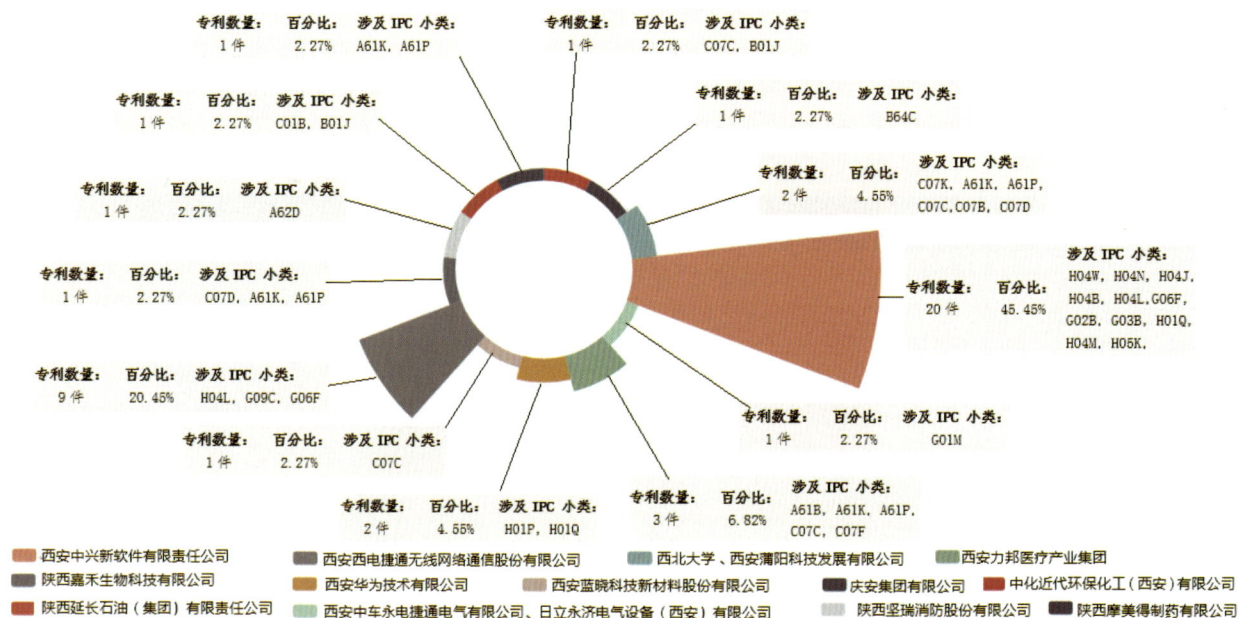

专利数量：1件 百分比：2.27% 涉及IPC小类：A61K, A61P

专利数量：1件 百分比：2.27% 涉及IPC小类：C07C, B01J

专利数量：1件 百分比：2.27% 涉及IPC小类：C01B, B01J

专利数量：1件 百分比：2.27% 涉及IPC小类：B64C

专利数量：1件 百分比：2.27% 涉及IPC小类：A62D

专利数量：2件 百分比：4.55% 涉及IPC小类：C07K, A61K, A61P, C07C, C07B, C07D

专利数量：1件 百分比：2.27% 涉及IPC小类：C07D, A61K, A61P

专利数量：20件 百分比：45.45% 涉及IPC小类：H04W, H04N, H04J, H04B, H04L, G06F, G02B, G03B, H01Q, H04M, H05K,

专利数量：9件 百分比：20.45% 涉及IPC小类：H04L, G09C, G06F

专利数量：1件 百分比：2.27% 涉及IPC小类：G01M

专利数量：1件 百分比：2.27% 涉及IPC小类：C07C

专利数量：2件 百分比：4.55% 涉及IPC小类：H01P, H01Q

专利数量：3件 百分比：6.82% 涉及IPC小类：A61B, A61K, A61P, C07C, C07F

西安中兴新软件有限责任公司　西安西电捷通无线网络通信股份有限公司　西北大学、西安蒲阳科技发展有限公司　西安力邦医疗产业集团
陕西嘉禾生物科技有限公司　西安华为技术有限公司　西安蓝晓科技新材料股份有限公司　庆安集团有限公司　中化近代环保化工（西安）有限公司
陕西延长石油（集团）有限责任公司　西安中车永电捷通电气有限公司、日立永济电气设备（西安）有限公司　陕西坚瑞消防股份有限公司　陕西摩美得制药有限公司

图 3-6　2018 年公开的陕西的日本专利申请主体数据

（二）IPC 分类数据

2018 年公开的陕西的日本专利技术领域主要分布在 H04（电通信技术），达 25 件（表 3-9），占当年陕西的日本专利公开总量的 56.82%；具体的技术领域方向中 H04L（数字信息的传输）和 H04W（无线通信网络）的专利数量最多，主要是西安中兴新软件有限责任公司和西安西电捷通无线网络通信股份有限公司的贡献，说明陕西在这两个技术方向上有一定的竞争力。

表 3-9　2018 年公开的陕西的日本专利 IPC 分类

序号	IPC 小类	释义	专利数量/件	百分比
1	H04L	数字信息的传输，如电报通信	13	29.55%
2	H04W	无线通信网络	11	25.00%
3	G09C	用于密码或涉及保密需要的其他用途的编码或译码装置	7	15.91%
4	G06F	电数字数据处理	6	13.64%
5	A61K	医用、牙科用或梳妆用的配制品	6	13.64%
6	A61P	化合物或药物制剂的特定治疗活性	6	13.64%
7	C07C	无环或碳环化合物	5	11.36%

序号	IPC 小类	释义	专利数量/件	百分比
8	H04J	多路复用通信	3	6.82%
9	H04M	电话通信	3	6.82%
10	H04N	图像通信，如电视	2	4.55%
11	H04B	电通信传输	2	4.55%
12	H01Q	天线	2	4.55%
13	C07D	杂环化合物	2	4.55%
14	B01J	化学或物理方法，如催化作用或胶体化学	2	4.55%

六、韩国专利数据

（一）专利公开数据

2018 年，我国申请的韩国专利公开量为 5473 件，同比下降 5.17%。其中，北京 817 件，上海 472 件；陕西 23 件，不及北京的 1/35、上海的 1/20，且比 2017 年减少 8 件。

陕西有 10 家机构独立或联合申请了韩国专利，主要申请机构是西安西电捷通无线网络通信股份有限公司和西安中兴新软件有限责任公司，专利公开数量分别为 9 件和 7 件（表 3-10 和图 3-7）。陕西企业的韩国专利申请活跃度远超高校。

表 3-10 2018 年公开的陕西的韩国专利申请主体数据

序号	申请主体	涉及的主要 IPC 小类/件	释义
1	西安西电捷通无线网络通信股份有限公司	H04L（8） H04W（1）	数字信息的传输，如电报通信 无线通信网络
2	西安中兴新软件有限责任公司	H04L（2） H04B（2） H04N（2）	数字信息的传输，如电报通信 电通信传输 图像通信，如电视
3	西安华为技术有限公司	H01Q（1）	天线
4	空军军医大学、陕西深冷医用技术有限公司	A61M（1）	将介质输入人体内或输到人体上的器械
5	西北工业大学	G01N（1）	借助于测定材料的化学或物理性质来测试或分析材料

续表

序号	申请主体	涉及的主要 IPC 小类／件	释义
6	陕西摩美得制药有限公司	A61K（1）	医用配制品
7	西安蓝晓科技新材料股份有限公司、蓝星安迪苏南京有限公司	C07C（1）	无环或碳环化合物
8	西安电子科技大学、华为技术有限公司	H04Q（1）	电通信技术中的选择设备、装置或零部件
9	庆安集团有限公司	B64C（1）	飞机、直升机

注：括号中数字是该分类号的 2018 年陕西的韩国专利公开数量。

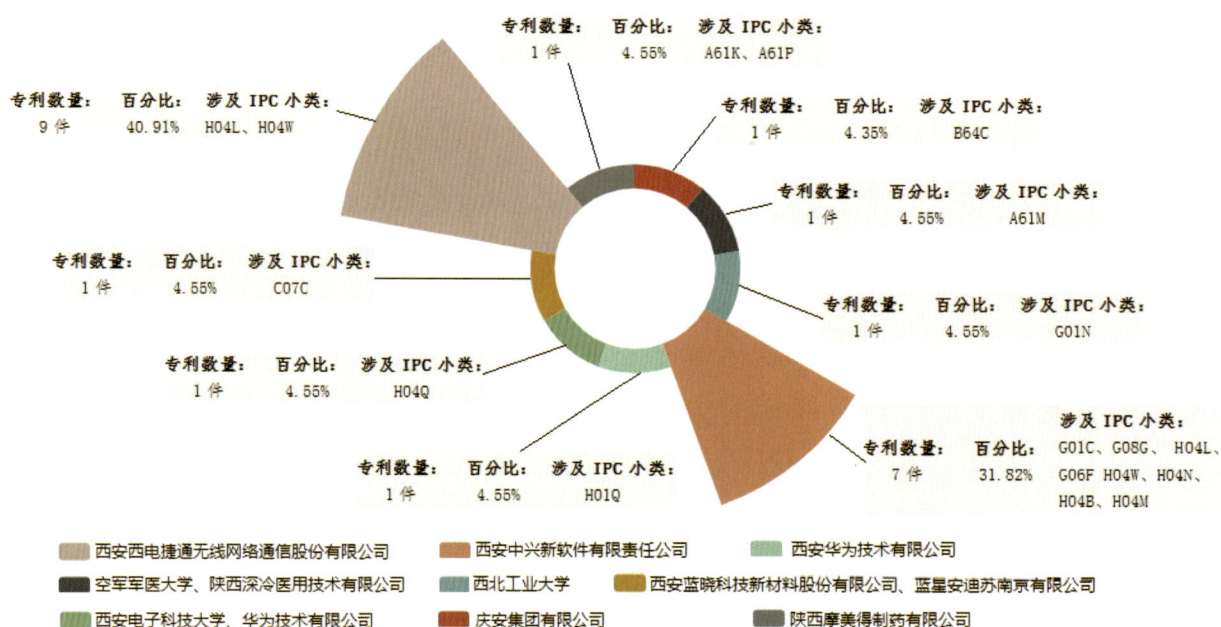

图 3-7　2018 年公开的陕西的韩国专利申请主体数据

（二）IPC 分类数据

2018 年，陕西取得的韩国公开专利的技术领域主要分布在 A61 医学、H04（电通信技术）、C07（有机化学）、G01（测量测试）等几大类。具体的技术领域方向中 H04L（数字信息的传输）的专利最多，为 11 件，主要是西安西电捷通无线网络通信股份有限公司的贡献；H04W、H04B 和 H04N 各 2 件（表 3-11），亦为电通信技术方面。

表 3-11　2018 年公开的陕西的韩国专利 IPC 分类

序号	IPC 小类	释义	专利数量/件	百分比
1	H04L	数字信息的传输，如电报通信	11	47.83%
2	H04W	无线通信网络	2	8.70%
3	H04B	传输	2	8.70%
4	H04N	图像通信，如电视	2	8.70%
5	H04M	电话通信	1	4.35%
6	H01Q	天线	1	4.35%
7	H04J	多路复用通信	1	4.35%
8	A61K	医用、牙科用或梳妆用的配制品	1	4.35%
9	A61P	化合物或药物制剂的特定治疗活性	1	4.35%
10	A61M	将介质输入人体内或输到人体上的器械；为转移人体介质或为从人体内取出介质的器械；用于产生或结束睡眠或昏迷的器械	1	4.35%
11	G01C	测量距离、水准或者方位；勘测；导航；陀螺仪；摄影测量学或视频测量学	1	4.35%
12	G08G	交通控制系统	1	4.35%
13	G06F	电数字数据处理	1	4.35%
14	G01N	借助于测定材料的化学或物理性质来测试或分析材料	1	4.35%
15	C07C	无环或碳环化合物	1	4.35%
16	H04Q	选择（开关、继电器、选择器入 H01H；无线通信网络入 H04W）	1	4.35%
17	B64C	飞机；直升机	1	4.35%

（整理编写：周立秋　任蔷　钱虹　龚娟　张向荣）

第四章

陕西主要技术领域专利数据

一、航空航天

（一）国内专利数据

（1）总量数据

截至 2018 年年底，陕西在航天航空技术领域的国内发明专利累计公开量为 8642 件，位居全国第五，约为北京的 2/5；2018 年当年陕西发明专利公开量为 2522 件，位居全国第四，落后于北京、广东和江苏（图 4-1）；陕西在该技术领域的发明专利累计授权量为 3441 件，在全国排名第三，2018 年当年授权量 686 件，约为北京的 1/3 之多（图 4-2）。

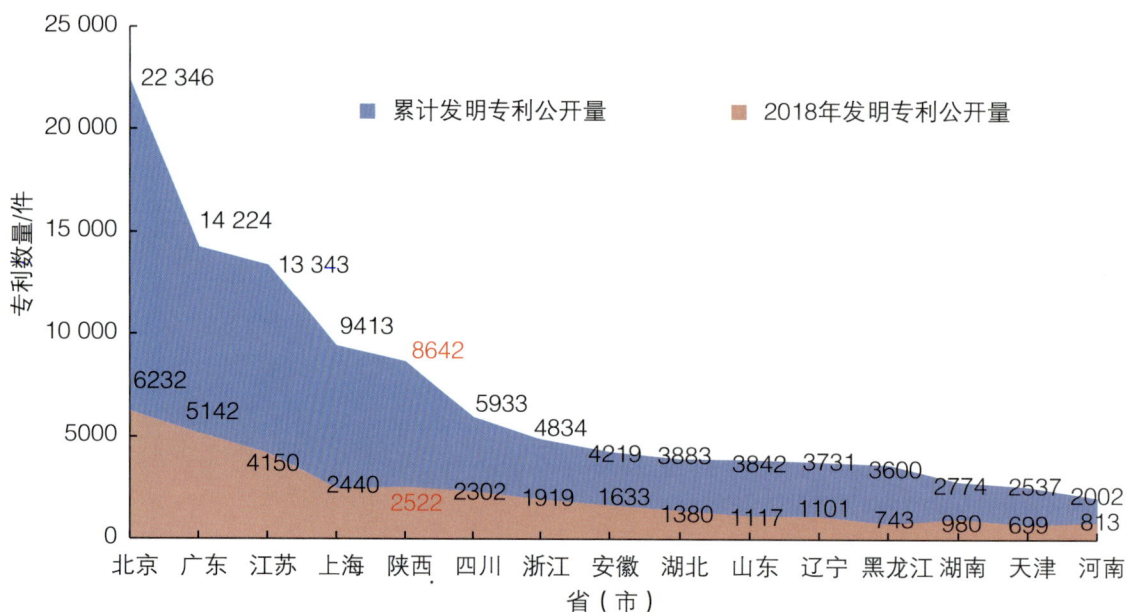

图 4-1　航空航天技术领域部分省（市）的国内发明专利公开量数据

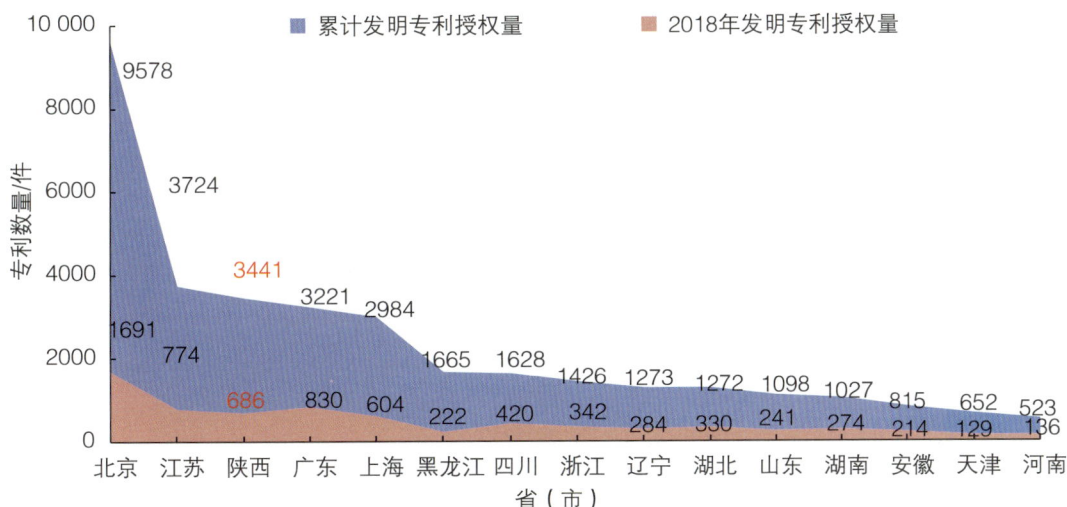

图 4-2　航空航天技术领域部分省（市）的国内发明专利授权量数据

（2）申请主体数据

截至 2018 年年底，陕西在航空航天领域的国内授权发明专利申请机构中，TOP 10 机构的发明专利授权量占陕西该领域发明专利授权总量的 69.10%；其中，西安电子科技大学和西北工业大学居于前两位，专利数量远大于其余机构；除此之外，国企占据了 TOP 10 机构中的 6 家，特别是中国航空工业集团公司下面各个研究院所或分公司是 TOP 10 机构和企业的主力军。民营企业中西安费斯达自动化工程有限公司表现突出，进入陕西航空航天领域授权发明专利申请机构 TOP 10（图 4-3 和图 4-4）。

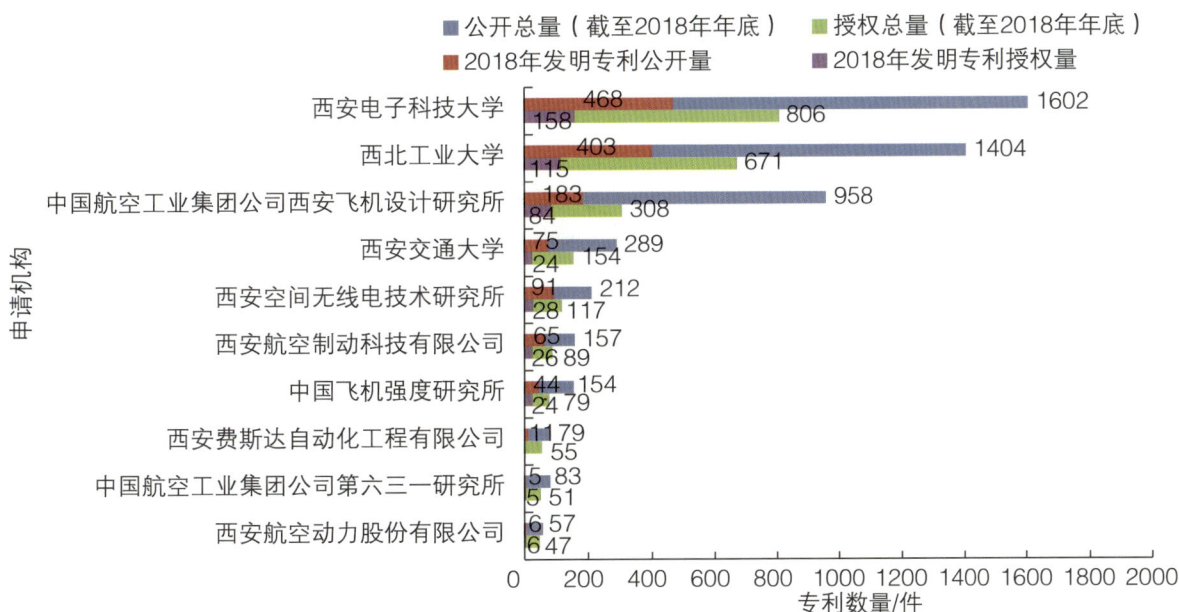

图 4-3　陕西航空航天技术领域发明专利申请机构 TOP 10

■ 公开总量（截至2018年年底）　　■ 授权总量（截至2018年年底）
■ 2018年发明专利公开量　　■ 2018年发明专利授权量

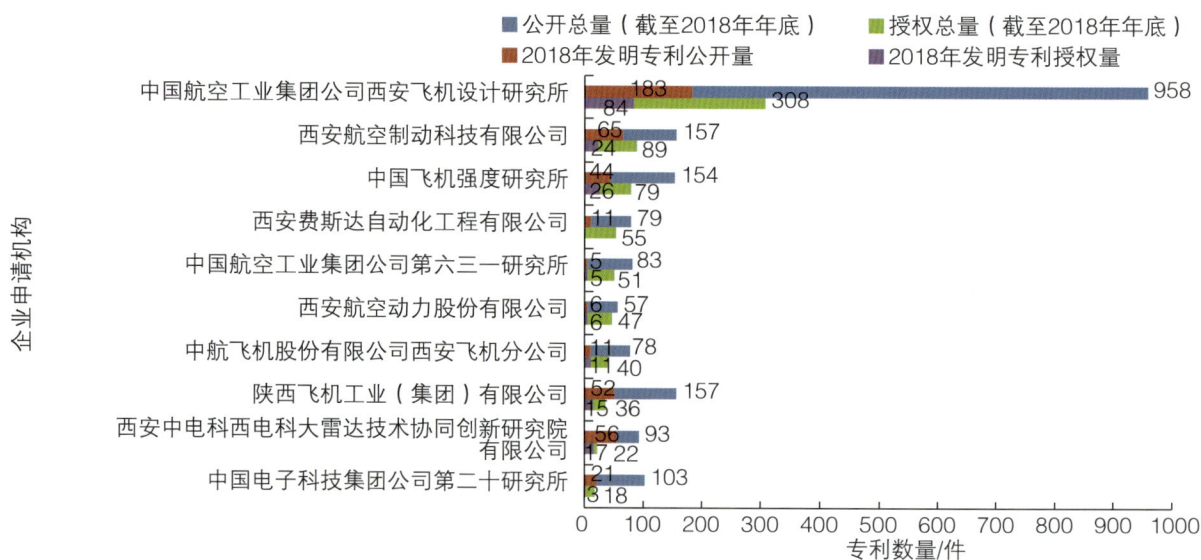

图 4-4　陕西航空航天技术领域发明专利企业申请机构 TOP 10

（3）优势技术方向

按 IPC 分类，截至 2018 年年底，陕西在航空航天领域国内授权发明专利主要集中在设计制造和通信导航方面；特别是西安电子科技大学在 G01S 无线电导航方面位居全国机构第一，遥遥领先；西北工业大学在电数字数据处理、飞机设计制造及其控制系统方面均进入全国 TOP 5 机构；中国航空工业集团公司西安飞机设计研究所在零部件或配套装置的设计制造、测试等方面也表现突出；西安近代化学研究所在推进剂相关研究方面表现不错。

陕西在航空航天领域的授权发明专利申请机构基本上被省内几所高校和大型国企垄断；仅民营企业西安费斯达自动化工程有限公司在飞行器故障诊断方面表现比较突出（表4-1）。

（二）国外专利数据

2018 年，陕西在航空航天技术领域申请的国外专利公开量仅 5 件，不足深圳的 1/100，北京的 1/13；3 个 DWPI 同族专利；PCT、欧美日韩专利各 1 件（表4-2）。截至 2018 年年底，航空航天领域陕西共计申请 PCT、欧美日韩专利 39 件，6 个 DWPI 同族专利，可见，该领域陕西专利申请主体的境外专利活动并不活跃。

申请主体中，西安交通大学（2 件，2 个 DWPI 同族专利）申请的专利分别涉及用于航空航天技术领域的电动机用非金属光导电线和基于屈曲梁的双稳态电磁转向发动机及控制方法；庆安集团公司（3 件，1 个 DWPI 同族专利）申请的专利涉及同轴双螺旋直升机的内螺旋桨叶片控制装置，专利族成员 14 件，主要在欧日美韩俄等国家和地区公开，2018 年当年在韩国、日本和欧洲公开。

表 4-1 陕西航空航天技术领域授权授权发明专利 IPC 分类 TOP 10

IPC 技术分类	全国（截至 2018 年年底）		授权量/件	占全国比重	陕西（截至 2018 年年底）	
	授权量/件	申请主体 TOP 5			授权量/件	申请主体 TOP 5
G01S（无线电导航；采用无线电波测距或测速）	9330	西安电子科技大学（641） 北京航空航天大学（378） 电子科技大学（350） 中国科学院电子学研究所（275） 高通股份有限公司（209）	987	10.58%		西安电子科技大学（641） 西北工业大学（57） 西安空间无线电技术研究所（51） 西安电子工程研究所（33） 中国科学院国家授时中心（27）
G06F（电数字数据处理）	5799	北京航空航天大学（224） 微软公司（138） 高通股份有限公司（119） 微软技术许可有限责任公司（112） 西北工业大学（97）	351	6.05%		西北工业大学（97） 西安电子科技大学（64） 中国航空工业集团公司西安飞机设计研究所（43） 中国航空工业集团公司第六三一研究所（27） 西安交通大学（14）
B64C（飞机；直升机）	4587	空中客车（676） 波音公司（225） 北京航空航天大学（159） 西北工业大学（111） 梅西耶-道提有限公司（111） 贝尔直升机（97）	302	6.58%		西北工业大学（111） 中国航空工业集团公司西安飞制动科技有限公司（49） 西安航空制动科技有限公司（49） 陕西飞机工业（集团）有限公司（12） 西安交通大学（10）
G01C（测量距离、水准或者方位；勘测；导航；陀螺仪；摄影测量学或视频测量学）	5983	北京航空航天大学（345） 哈尔滨工程大学（156） 北京控制工程研究所（139） 三菱电机株式会社（118） 株式会社电装（113）	233	3.89%		西北工业大学（61） 西安电子科技大学（33） 中国航空工业第六一八研究所（18） 西安费斯达自动化工程有限公司（10） 西安煤航信息产业有限公司（8）

续表

IPC技术分类	全国（截至2018年年底）		陕西（截至2018年年底）		
	授权量/件	申请主体 TOP 5	授权量/件	占全国比重	申请主体 TOP 5
G01M（机器或结构部件的静或动平衡的测试）	1746	北京航空航天大学（115）北京卫星环境工程研究所（57）南京航空航天大学（46）中国航空工业集团公司西安飞机设计研究所（39）中国运载火箭技术研究院（36）	191	10.94%	中国航空工业集团公司西安飞机设计研究所（39）西北工业大学（35）中国飞机强度研究所（28）西安交通大学（14）西安航空制动科技有限公司（14）
G05B（一般的控制或调节系统及其功能单元）	2026	北京航空航天大学（155）南京航空航天大学（88）西北工业大学（67）哈尔滨工业大学（65）北京控制工程研究所（44）	172	8.49%	西北工业大学（67）西安费斯达自动化工程有限公司（35）中国航空工业集团公司西安飞机设计研究所（14）中国航空工业第六〇一所（6）西安交通大学（5）西安航空制动科技有限公司（5）
B64F（与飞机相关联的地面装置或航空母舰甲板装置）	1505	空中客车（77）溧阳市科技开发有限公司（60）波音公司（49）中国航空工业集团公司西安飞机设计研究所（46）北京航空航天大学（39）	144	9.57%	中国航空工业集团公司西安飞机设计研究所（46）西北工业大学（25）中国飞机强度研究所（22）中航飞机股份有限公司西安飞机分公司（8）陕西飞机工业（集团）有限公司（6）
G01N（借助于测定材料的化学或物理性质来测试或分析材料）	2125	北京航空航天大学（46）清华大学（44）浙江大学（38）哈尔滨工业大学（33）西安近代化学研究所（33）	144	6.78%	西安近代化学研究所（33）西北工业大学（29）西安交通大学（18）中国飞机强度研究所（16）西安电子科技大学（8）

续表

IPC技术分类	全国（截至2018年年底）		陕西（截至2018年年底）		
	授权量/件	申请主体 TOP 5	授权量/件	占全国比重	申请主体 TOP 5
B64D（用于与机配合或装设到飞机上的设备）	3314	空中客车（583） 波音公司（141） 埃尔塞乐公司（91） 中国航空工业集团公司西安飞机设计研究所（68） 北京航空航天大学（58）	128	3.86%	中国航空工业集团公司西安飞机设计研究所（68） 西北工业大学（12） 西安理工大学（4） 中航飞机股份有限公司西安飞机分公司（4） 陕西飞机工业（集团）有限公司（4）
G05D（非电变量的控制或调节系统）	2288	北京航空航天大学（185） 北京控制工程研究所（74） 哈尔滨工业大学（67） 南京航空航天大学（59） 西北工业大学（54）	125	5.46%	西北工业大学（54） 中国航空工业第六三一八研究所（10） 中国航空工业集团公司西安飞机设计研究所（8） 西安应用光学研究所（7） 西安费斯达自动化工程有限公司（7）

表4-2　2018年陕西航空航天技术领域申请的国外专利公开数据

序号	专利名称	申请主体	主分类号	同族专利数/个
1	Inter-propeller blade pitch control device of coaxial double-propeller helicopter	庆安集团有限公司	B64C	14
2	It is a blade|wing pitch control apparatus every center of a coaxial double propeller helicopter	庆安集团有限公司	B64C	14
3	The mid-pitch control unit for the coaxial inverting helicopter	庆安集团有限公司	B64C	14
4	一种基于屈曲梁的双稳态电磁舵机及控制方法	西安交通大学	B64C	3
5	Non-metallic light conductive wire and its method and application products	西安交通大学	H01B6	4

二、图像处理

（一）国内专利数据

（1）总量数据

截至 2018 年年底，陕西在图像处理技术领域的国内发明专利累计公开量为 5938 件，位居全国第六，是北京的 1/4；2018 年当年陕西发明专利公开量为 1588 件，位居全国第七，不足广东的 1/5（图 4-5）；陕西在该技术领域的发明专利累计授权量为 2509 件，2018 年当年授权量 446 件，基本上也是北京的 1/4（图 4-6）。

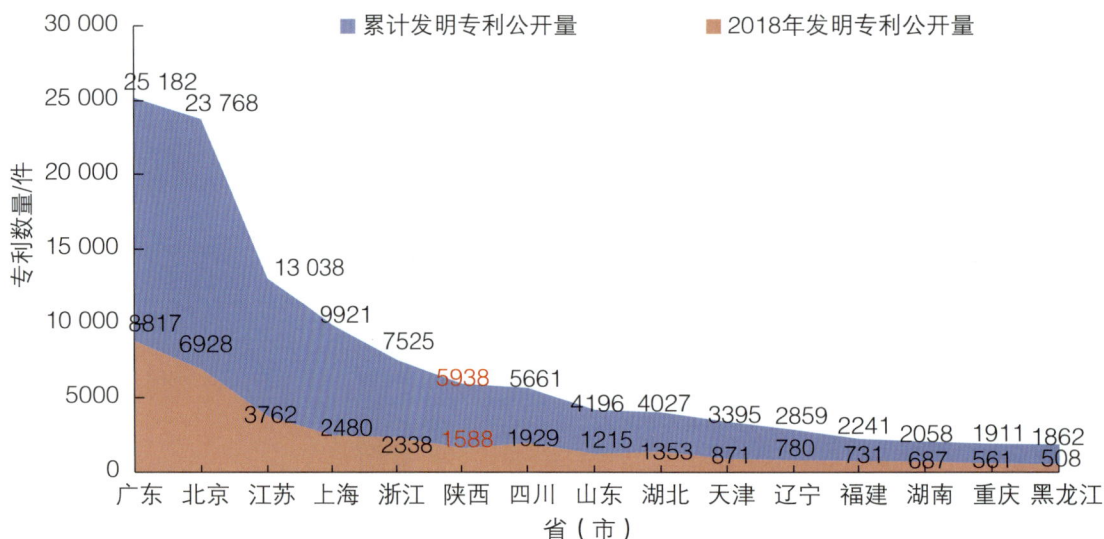

图 4-5　图像处理技术领域部分省（市）的国内发明专利公开量数据

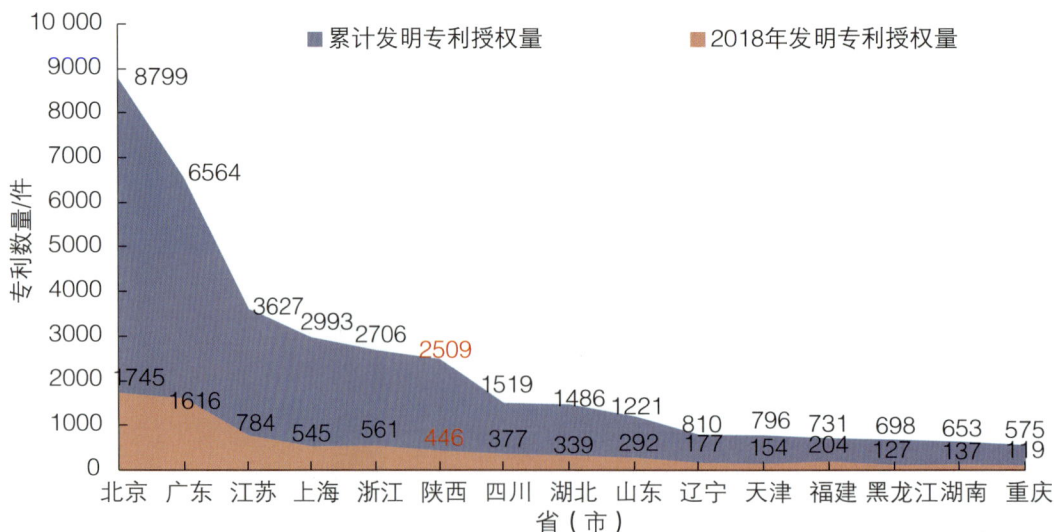

图 4-6　图像处理技术领域部分省（市）的国内发明专利授权量数据

（2）申请主体数据

截至 2018 年年底，陕西在图像处理技术领域的国内发明专利授权和公开量以高校占据绝对优势，申请主体 TOP 10 中有 8 家高校，特别是西安电子科技大学在该技术领域的国内发明专利量遥遥领先，显示了在省内的领军者地位（图 4-7）。

陕西企业在该技术领域的国内发明专利表现远不如省内高校，但是进入 TOP 10 的企业申请主体中，以民营企业居多，也说明陕西有一些中小型民营企业在图像处理技术领域还是有一定的研究实力。值得一提的是西安诺瓦电子科技有限公司在 2018 年当年表现突出，授权量为 11 件，进入陕西图像处理技术领域当年发明专利授权量申请机构 TOP 10，当年在陕西企业中排名第一（图 4-8）。

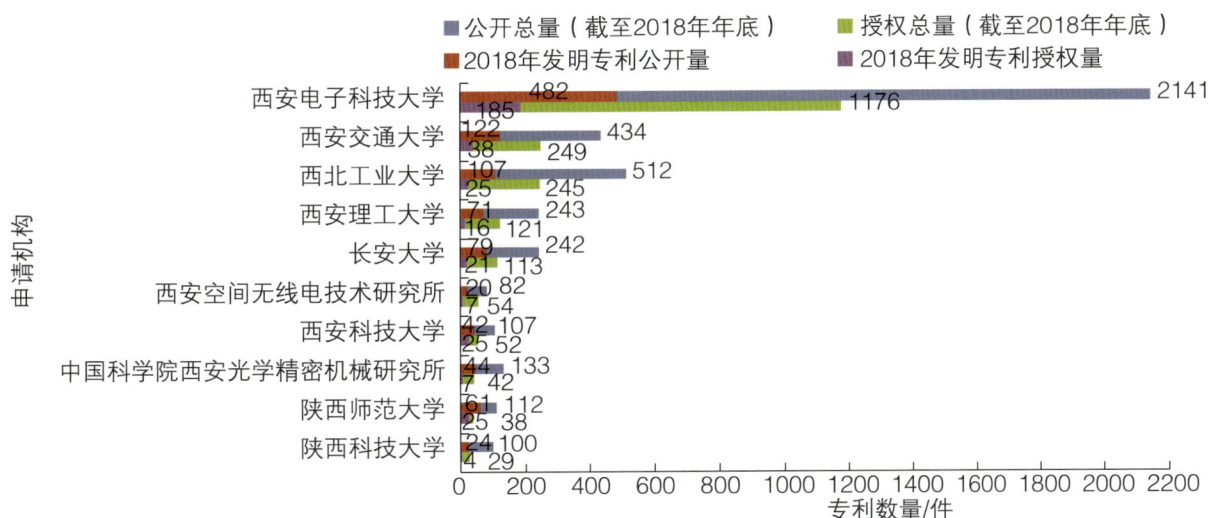

图 4-7　陕西图像处理技术领域国内发明专利申请机构 TOP 10

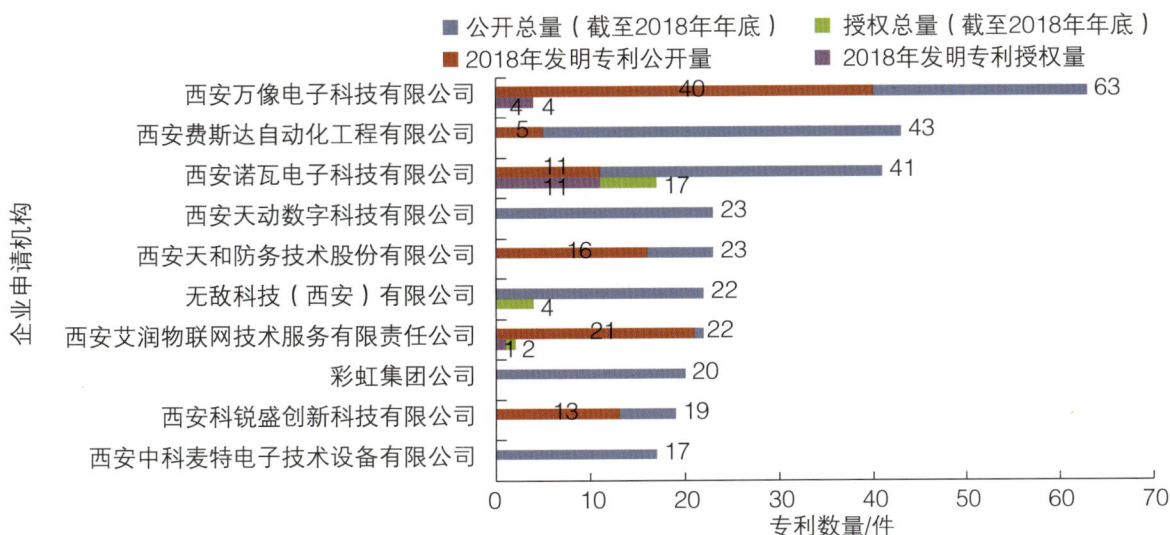

图 4-8　陕西图像处理技术领域国内发明专利企业申请机构 TOP 10

（注：图中没有相应条形显示，说明该指标对应数据为零。后面此类图均同，不再赘述）

（3）优势技术方向

按 IPC 分类，截至 2018 年年底，陕西在图像处理技术领域国内授权发明专利主要集中在图像数据处理、数据识别方面和图像通信方向；特别是西安电子科技大学在 G06T（一般图像数据处理或产生）、G06K（数据识别）、G01S（无线电导航）和 G06N（基于特定计算模型的计算机系统）等 4 个技术方向上，处于全国领先地位[①]。从整体上看，陕西在 G01S（无线电导航、测量）和 G06N（基于特定计算模型的计算机系统）两个技术方向，授权发明专利在我国的占比分别为 12.26% 和 15.52%，具有一定优势，主要是西安电子科技大学的突出贡献。

陕西在图像处理技术领域国内授权发明专利的申请主体基本上被省内几所主要高校垄断。仅在 G06F（分析材料电数字数据处理）方向，有西安诺瓦电子科技有限公司 1 家民营企业进入申请机构 TOP 5 之列（表 4-3）。

（二）国外专利数据

2018 年，陕西在图像处理技术领域申请的国外专利公开量合计仅有 9 件，比 2017 年增加了 3 件；其中，PCT 国际专利公开量 4 件，美国专利公开量 3 件，日本和韩国专利各 1 件。

申请主体当中，西安中兴新软件有限责任公司的 4 件专利的同族专利均通过 PCT 申请，主要在欧美日韩公开，共计 DWPI 同族专利记录 19 条，主要分布在图像处理方法和设备两大技术方向（H04N 和 G06T）；西安交通大学申请的 3 件专利分布在图像深度感知设备、双目深度感知、检测医学图像，除了在国内和公开国的专利，在其余国家和地区没有同族专利分布。其中，申请主体当中还有 1 件专利为自然人申请（表 4-4）。

表 4-3　陕西图像处理技术领域授权发明专利 IPC 分类 TOP 10

IPC 技术分类	全国（截至 2018 年年底）		陕西（截至 2018 年年底）		
	授权量 / 件	申请主体 TOP 5	授权量 / 件	占全国比重	申请主体 TOP 5
G06T（一般的图像数据处理或产生）	16 759	西安电子科技大学（671） 索尼公司（479） 皇家飞利浦公司（391） 北京航空航天大学（314） 佳能株式会社（305）	1207	7.20%	西安电子科技大学（671） 西北工业大学（140） 西安交通大学（84） 西安理工大学（58） 长安大学（55）

---

① 机构统计时，未合并大的机构在各地的分支机构，例如，中科院，按照其下设各个研究机构独立统计计算。本报告中对其余领域申请机构分析时均遵循此规则，下文不再赘述。

续表

IPC 技术分类	全国（截至 2018 年年底）		陕西（截至 2018 年年底）		
	授权量 / 件	申请主体 TOP 5	授权量 / 件	占全国比重	申请主体 TOP 5
G06K（数据识别）	10 466	西安电子科技大学（340） 中国科学院自动化研究所（181） 电子科技大学（166） 索尼公司（165） 佳能株式会社（161）	589	5.63%	西安电子科技大学（340） 西北工业大学（52） 西安交通大学（43） 西安理工大学（40） 长安大学（37）
H04N（图像通信）	25 019	索尼公司（2028） 佳能株式会社（1649） 三星电子株式会社（947） 松下电器产业株式会社（874） 富士胶片（650）	356	1.42%	西安电子科技大学（123） 西安交通大学（44） 西安空间无线电技术研究所（39） 西安理工大学（27） 西北工业大学（22）
G01S（无线电导航；采用无线电波测距或测速）	1485	西安电子科技大学（142） 中国科学院电子学研究所（88） 北京航空航天大学（63） 电子科技大学（56） 北京理工大学（41）	182	12.26%	西安电子科技大学（142） 西安空间无线电技术研究所（6） 西北工业大学（5） 西安交通大学（4） 西安煤航信息产业有限公司（3）
G01N（借助于测定材料的化学或物理性质来测试或分析材料）	4112	清华大学（110） 浙江大学（101） 江苏大学（60） 同方威视技术股份有限公司（51） 重庆大学（43）	141	3.43%	西安交通大学（37） 长安大学（17） 西北工业大学（15） 西安科技大学（9） 陕西科技大学（8）
G06F（分析材料电数字数据处理）	8737	佳能株式会社（473） 索尼公司（399） 联想（北京）有限公司（252） 富士胶片（232） 夏普株式会社（202）	134	4.95%	西安电子科技大学（52） 西安交通大学（19） 西北工业大学（18） 长安大学（6） 西安诺瓦电子科技有限公司（4）

续表

IPC 技术分类	全国（截至 2018 年年底）		陕西（截至 2018 年年底）		
	授权量 / 件	申请主体 TOP 5	授权量 / 件	占全国比重	申请主体 TOP 5
G01B（长度、厚度或类似线性尺寸的计量）	2709	鸿海科技（63） 北京航空航天大学（60） 清华大学（47） 天津大学（47） 浙江大学（41）	113	4.17%	西安交通大学（26） 长安大学（12） 陕西科技大学（8） 西北工业大学（7） 西安理工大学（7）
A61B（诊断；外科）	5182	东芝公司（962） 奥林巴斯（421） 皇家飞利浦公司（304） 西门子公司（194） 株式会社日立公司（187）	98	1.89%	西安电子科技大学（31） 第四军医大学（21） 西安交通大学（17） 西北工业大学（10） 西安理工大学（2）
G01C（测量距离、水准或者方位）	1575	北京航空航天大学（51） 北京控制工程研究所（36） 清华大学（35） 武汉大学（34） 北京理工大学（26）	67	4.25%	西安交通大学（9） 西北工业大学（8） 西安电子科技大学（8） 西安科技大学（6） 长安大学（4） 西安煤航信息产业有限公司（4）
G06N（基于特定计算模型的计算机系统）	348	西安电子科技大学（41） 北京工业大学（13） 北京航空航天大学（10） 电子科技大学（10） 河海大学（7）	54	15.52%	西安电子科技大学（41） 西安交通大学（3） 陕西师范大学（3） 西安理工大学（2） 西北工业大学（1）

表 4-4　2018 年陕西图像处理技术领域申请的国外专利公开数据

序号	专利名称	申请主体	主分类号	同族专利数 / 个
1	画像処理方法、画像処理装置、及びコンピュータ記録媒体	西安中兴新软件有限责任公司	H04N	7
2	Picture processing method and electronic device	西安中兴新软件有限责任公司	H04N	8
3	图像处理方法及装置	西安中兴新软件有限责任公司	H04N	2
4	图像处理方法、终端及存储介质	西安中兴新软件有限责任公司	G06T	2
5	图像显示控制方法及装置和显示屏控制系统	西安诺瓦电子科技有限公司	G09G	2

续表

序号	专利名称	申请主体	主分类号	同族专利数/个
6	一种多模型融合自动检测医学图像中病变的系统及方法	西安交通大学；西安百利信息科技有限公司	G06F	2
7	One method of binocular depth perception based on active structured light	西安交通大学	H04N	4
8	Image depth perception device	西安交通大学	H04N	4
9	Three-dimensional depth perception method and apparatus with an adjustable working range	Zhou Yanhui, Xi'an, CN; Ge Chenyang, Xi'an, CN	G06T	4

三、存储芯片

（一）国内专利数据

（1）总量数据

截至 2018 年年底，陕西在存储芯片技术领域的国内发明专利累计公开量为 961 件，位居全国第九，约是广东的 1/5；2018 年当年陕西发明专利公开量为 126 件，位居全国第十一，约是广东的 1/5（图 4-9）；陕西在该技术领域的发明专利累计授权量为 333 件，在全国排名第八，落后于广东、北京、上海等地区；2018 年当年授权量为 69 件，约为广东的 1/4，全国排名第七（图 4-10）。

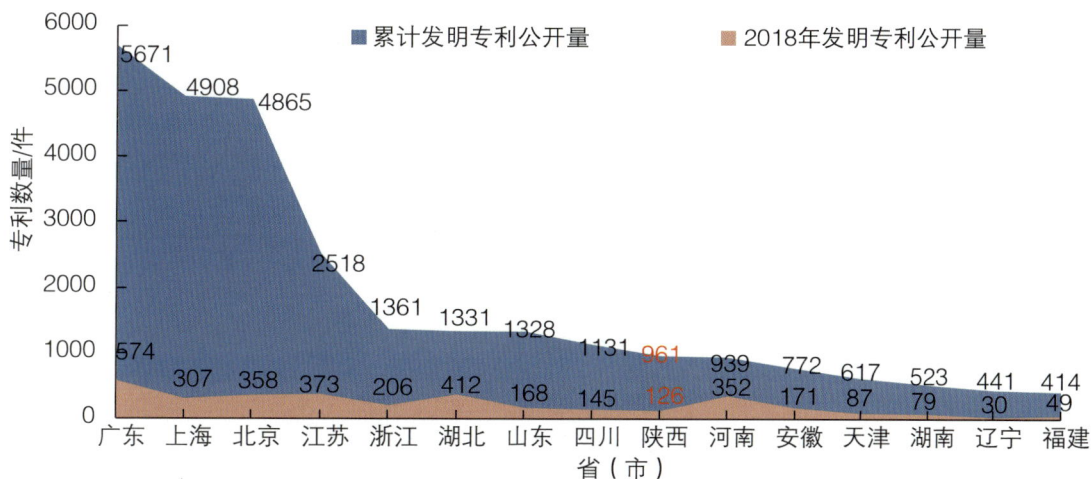

图 4-9　存储芯片技术领域部分省（市）的国内发明专利公开量数据

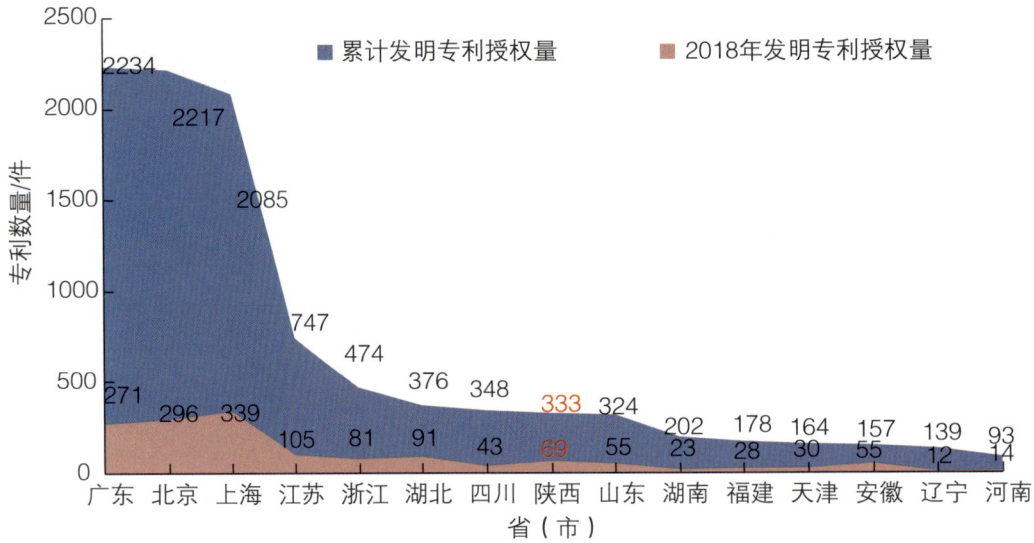

图 4-10　存储芯片技术领域部分省（市）的国内发明专利授权量数据

（2）申请主体数据

截至 2018 年年底，陕西在存储芯片技术领域的国内授权专利中，TOP 10 机构的发明专利授权量占陕西该领域发明专利授权量的 66.07%。申请主体前 3 名分别是西安紫光国芯半导体有限公司、西安交通大学和西北工业大学；其中，西安紫光国芯半导体有限公司在各项指标中均表现突出，位居第一；西北工业大学按照累计授权量排名第三，但 2018 年的发明专利公开量和授权量均为 0。TOP 10 机构中有 3 家为民营企业，可见该领域企业的专利活动比较活跃，且研发能力较强（图 4-11）。

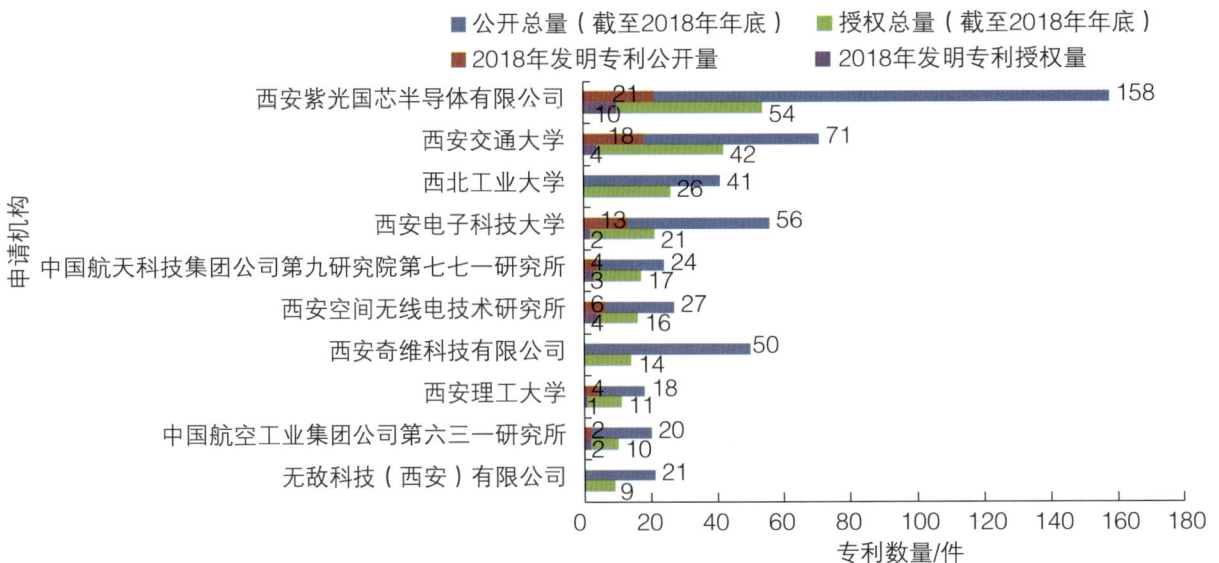

图 4-11　陕西存储芯片技术领域国内发明专利申请机构 TOP 10

（3）优势技术方向

按 IPC 分类，截至 2018 年年底，陕西在存储芯片技术领域的国内授权发明专利的 IPC 分类号主要集中在 G06F（电数字数据处理）和 G11C（静态存储器）方面，占该领域陕西授权专利的 64.30%。国外公司在这两个方向的专利创新活动非常活跃，英特尔公司和三星电子株式会社分别位居机构第一，而陕西机构均未进入全国 TOP 5 机构，表现一般（表 4-5）。

表 4-5 陕西存储芯片技术领域发明专利授权量 IPC 分类 TOP 10

IPC 技术分类	全国（截至 2018 年年底）		陕西（截至 2018 年年底）		
	授权量/件	申请主体 TOP 5	授权量/件	占全国比重	主要申请主体
G06F（电数字数据处理）	8596	英特尔公司（695） 华为技术有限公司（550） 国际商业机器公司（IBM）（440） 三星电子株式会社（428） 郑州云海信息技术有限公司（350）	132	1.53%	西安交通大学（23） 西北工业大学（22） 西安电子科技大学（13） 中国航天科技集团公司第九研究院第七七一研究所（11） 中国航空工业集团公司第六三一研究所（9）
G11C（静态存储器）	8872	三星电子株式会社（989） 旺宏电子股份有限公司（523） 爱思开海力士有限公司（418） 海力士半导体有限公司（315） 台湾积体电路制造股份有限公司（300）	82	0.92%	西安紫光国芯半导体有限公司（47） 西安交通大学（10） 中国航天科技集团公司第九研究院第七七一研究所（6） 西北核技术研究所（4） 西安奇维科技有限公司（3）
H04L（数字信息的传输）	774	中兴通信股份有限公司（128） 华为技术有限公司（107） 清华大学（36） 三星电子株式会社（31） 英特尔公司（27）	27	3.48%	西安电子科技大学（6） 西北工业大学（3） 中国航空工业集团公司第六三一研究所（3） 西安交通大学（2） 中国航天科技集团公司第九研究院第七七一研究所（2）
H04N（图像通信）	554	松下电器产业株式会社（150） 索尼公司（46） 三星电子株式会社（39） 索尼株式会社（26） 佳能株式会社（22）	10	1.80%	西安电子科技大学（4） 西安交通大学（4） 西北工业大学（1） 无敌科技（西安）有限公司（1）

续表

IPC 技术分类	全国（截至 2018 年年底）		陕西（截至 2018 年年底）		
	授权量/件	申请主体 TOP 5	授权量/件	占全国比重	主要申请主体
G01R（测量电变量）	201	国家电网公司（22） 电子科技大学（9） 三星电子株式会社（8） 北京航空航天大学（8） 三菱电机株式会社（8）	9	4.47%	西安交通大学（2） 西安理工大学（2） 西北核技术研究所（2） 西安紫光国芯半导体有限公司（1） 西安迅腾科技有限责任公司（1）
G05B（一般的控制或调节系统及其功能单元）	73	国家电网公司（7） 哈尔滨工业大学（6） 浙江大学（6） 三菱电机株式会社（5） 上海交通大学（4）	9	12.32%	西安交通大学（3） 西安理工大学（1） 西安电子科技大学（1） 西安空间无线电技术研究所（1） 西安亚同集成电路技术有限公司（1）
G09G（电路传输数据的装置）	141	精工爱普生株式会社（28） 夏普株式会社（15） 松下电器产业株式会社（11） 株式会社瑞萨科技（10） 三星电子株式会社（9）	9	6.38%	西安诺瓦电子科技有限公司（4） 西安交通大学（1） 西安电子科技大学（1） 西北工业大学（1） 西安龙腾微电子科技发展有限公司（1）
H01L（半导体器件；其他类目中不包括的电固体器件）	7188	三星电子株式会社（646） 中芯国际集成电路制造（上海）有限公司（639） 旺宏电子股份有限公司（612） 台湾积体电路制造股份有限公司（280） 海力士半导体有限公司（246）	9	0.12%	西安理工大学（5） 西安交通大学（3） 中国航天科技集团公司第九研究院第七七一研究所（1）
H04B（传输）	123	中兴通信股份有限公司（23） 华为技术有限公司（14） 日本电气株式会社（12） 三星电子株式会社（8） 高通股份有限公司（6）	8	6.50%	西安电子科技大学（2） 西安空间无线电技术研究所（2） 西北工业大学（1） 无敌科技（西安）有限公司（1） 陕西烽火实业有限公司（1）
H03M（一般编码、译码或代码转换）	143	高通股份有限公司（13） 中兴通信股份有限公司（11） 松下电器产业株式会社（8） 英特尔公司（6） 清华大学（6）	6	4.19%	西安电子科技大学（4） 西安空间无线电技术研究所（1） 三星电子（中国）研发中心（1）

（二）国外专利数据

2018年，陕西在存储芯片技术领域的国外专利公开量合计仅有7件，其中日本专利1件、美国专利6件。

申请主体当中，西安紫光国芯半导体有限公司的5件专利主要在美国公开，共计DWPI同族专利记录12条，主要分布在静态存储器（G11C）和电数字数据处理（G06F）两大技术方向；西安中兴新软件有限责任公司申请的2件专利分别拥有同族专利9个和7个，主要在美国、欧洲、日本、韩国等国家和地区公开，分布在电数字数据处理（G06F）和数字信息的传输（H04L）两大技术方向（表4-6）。

表4-6　2018年陕西存储芯片领域申请的国外专利公开数据

序号	专利名称	申请主体	主分类号	同族专利数/个
1	正当なメモリアクセスの検知方法及び装置	西安中兴新软件有限责任公司	G06F	9
2	Method and device for rapidly synchronizing medium access control address table, and storage medium	西安中兴新软件有限责任公司	H04L	7
3	Rram subarray structure	西安紫光国芯半导体有限公司	G11C	4
4	Method of ECC encoding a DRAM and DRAM	西安紫光国芯半导体有限公司	G11C	2
5	Memory with error correction function that is compatible with different data length and an error correction method	西安紫光国芯半导体有限公司	G06F	2
6	Method of correcting an error in a memory array in a DRAM during a read operation and a DRAM	西安紫光国芯半导体有限公司	G06F, G11C	2
7	Memory with error correction function and an error correction method	西安紫光国芯半导体有限公司	G06F, G11C	2

四、量子通信

（一）国内专利数据

（1）总量数据

截至 2018 年年底，陕西在量子通信技术领域的国内发明专利累计公开量为 128 件，位居全国第七，不足北京的 1/3；2018 年当年陕西的发明专利公开量为 40 件，位居全国第八，不足北京的 1/4（图 4-12）。陕西在该技术领域的发明专利累计授权量为 60 件，位居全国第七；2018 年当年授权量为 17 件，在全国排名第四，同比增长 41.20%（图 4-13）。

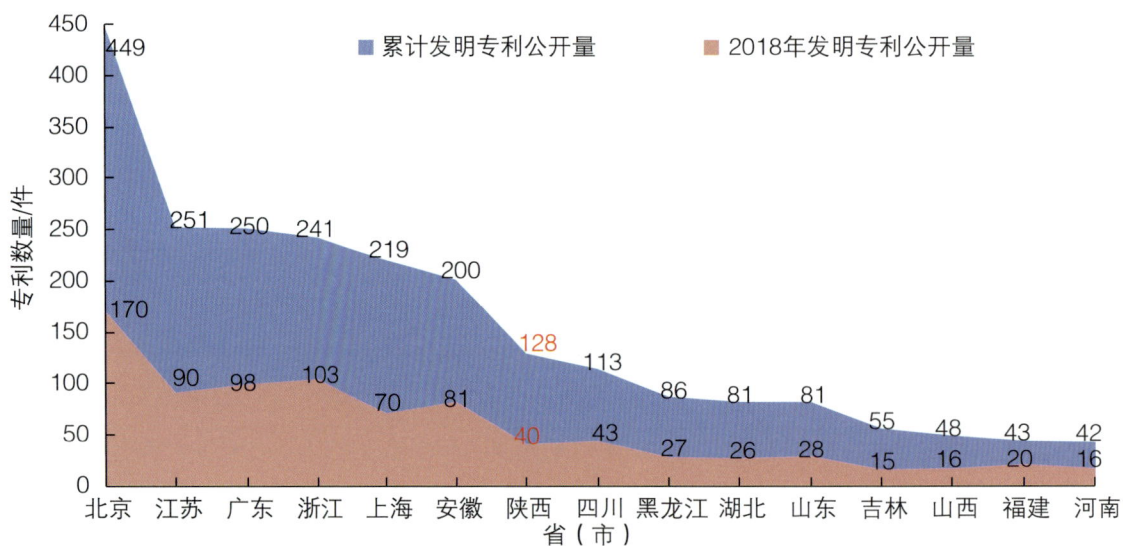

图 4-12　量子通信技术领域部分省（市）的国内发明专利公开量数据

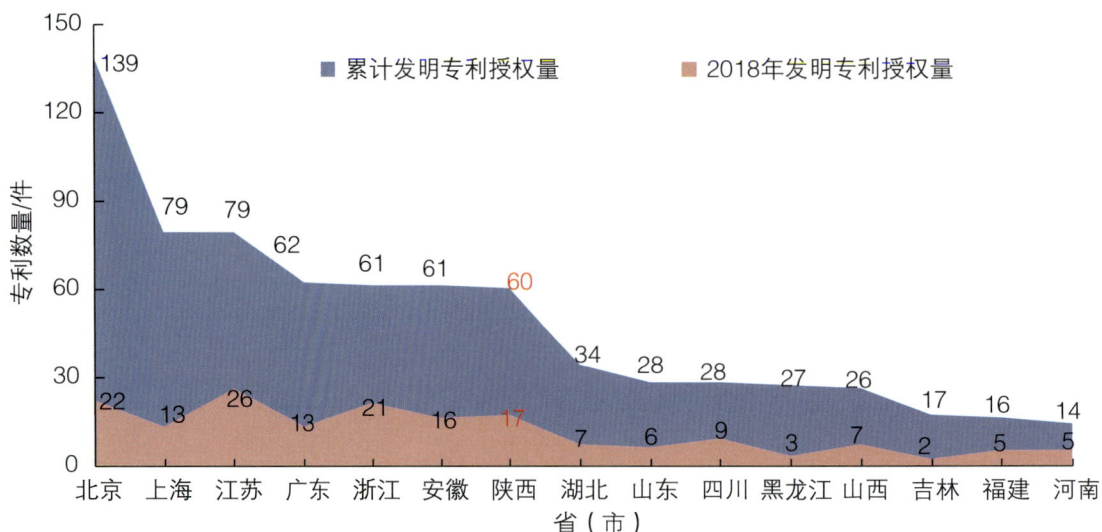

图 4-13　量子通信技术领域部分省（市）的国内发明专利授权量数据

（2）申请主体数据

截至 2018 年年底，陕西在量子通信技术领域的国内发明专利累计公开和授权量的主要
贡献者为高校，其中西安电子科技大学在该技术领域的发明专利数量在国内居领先地位；
TOP 10 机构中仅有 1 家科研院所，没有企业出现（图 4-14）。

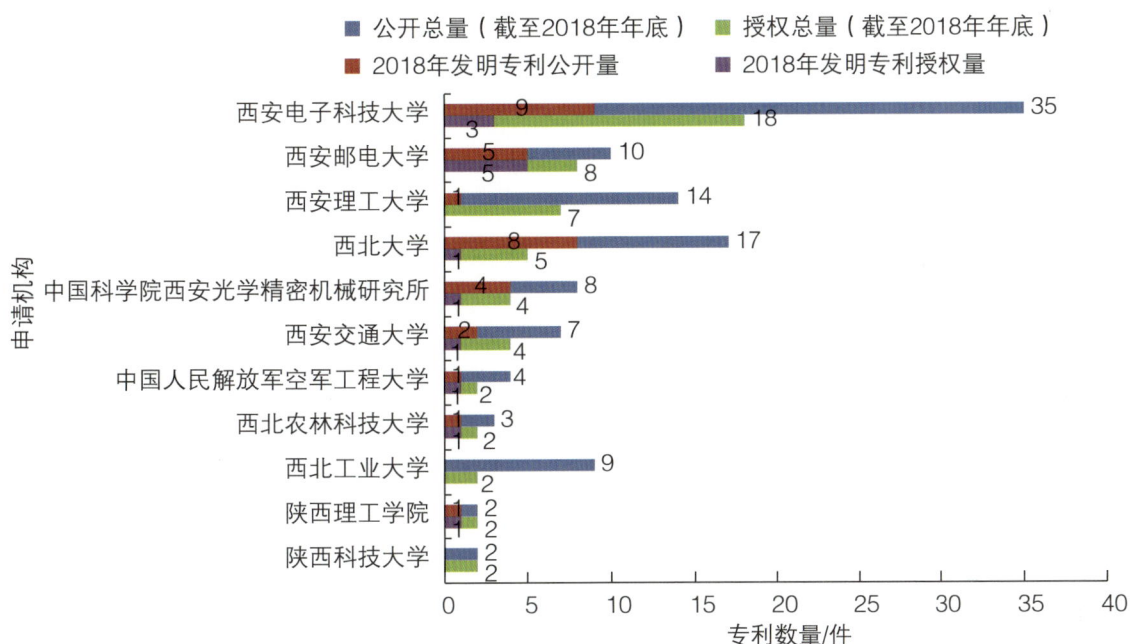

图 4-14　陕西量子通信技术领域国内发明专利申请机构 TOP 10

（3）优势技术方向

按 IPC 分类，截至 2018 年年底，陕西在量子通信技术领域的国内授权发明专利主要集
中在数字信息传输方面。西安电子科技大学在量子通信技术领域的 G06N（基于特定计算模
型的计算机系统）、G01S（无线电定向、导航、测距或测速等）和 H03M（一般编码、译码
或代码转换）方面表现突出，居全国机构排名的首位。由于西安电子科技大学的突出贡献，
陕西在 G01S（无线电定向、导航、测距或测速等）和 H03M（一般编码、译码或代码转换）
两个技术方向表现出一定的技术优势，授权发明专利在我国的占比分别为 20.00% 和 14.29%
（表 4-7）。

表 4-7 陕西量子通信技术领域授权发明专利 IPC 分类 TOP 10

IPC 技术分类	全国（截至 2018 年年底）		陕西（截至 2018 年年底）		
	授权量 / 件	主要申请主体	授权量 / 件	占全国比重	主要申请主体
H04L（数字信息的传输）	354	浙江工商大学（19） 山东量子科学技术研究院有限公司（16） 上海交通大学（15） 科大国盾量子技术股份有限公司（14） 华南师范大学（14）	25	7.06%	西安邮电大学（6） 西安理工大学（6） 西安电子科技大学（4） 西北大学（3） 陕西理工学院（2）
G06N（基于特定计算模型的计算机系统）	69	西安电子科技大学（7） D 波系统公司（5） 惠普开发有限公司（4） 微软技术许可有限责任公司（3） 哈尔滨工程大学（3）	7	10.14%	西安电子科技大学（7）
H04B（传输）	136	华东师范大学（10） 中国科学技术大学（9） 华南师范大学（7） 中国科学院上海技术物理研究所（6） 科大国盾量子技术股份有限公司（4） 山西大学（4）	6	4.41%	西安邮电大学（2） 西安电子科技大学（1） 西北大学（2） 西安空间无线电技术研究所（1） 中国人民解放军空军工程大学（1）
G01S（无线电定向、导航、测距或测速等）	20	西安电子科技大学（3） （注：其余机构均仅为 1 件）	4	20.00%	西安电子科技大学（3） 中国人民解放军空军工程大学（1）
H04N（图像通信）	95	松下电器产业株式会社（10） 株式会社日立制作所（9） 索尼株式会社（6） 夏普株式会社（5） 日本电信电话株式会社（3）	4	4.21%	西安电子科技大学（3） 西安交通大学（1）
G01J（红外光、可见光、紫外光的强度、速度、光谱成分，偏振、相位或脉冲特性的测量；比色法；辐射高温测定法）	34	华东师范大学（3） 北京理工大学（3） 河南科技大学（3） 南京大学（2）	3	8.82%	西安理工大学（1） 中国科学院西安光学精密机械研究所（1）

续表

IPC 技术分类	全国（截至 2018 年年底）		陕西（截至 2018 年年底）		
	授权量／件	主要申请主体	授权量／件	占全国比重	主要申请主体
G06F（电数字数据处理）	131	浙江大学（4） 国家电网公司（4） 中国电力科学研究院（4） 大连理工大学（3） 华东师范大学（2）	3	2.29%	西安交通大学（2） 中国科学院西安光学精密机械研究所（1）
H03M（一般编码、译码或代码转换）	21	西安电子科技大学（3） 索尼株式会社（3） 中国科学院微电子研究所（2） 夏普株式会社（2）	3	14.29%	西安电子科技大学（3）

（二）国外专利数据

2018 年陕西在量子通信技术领域申请的国外专利很少，仅 1 件，为陕西科技大学申请的"一种抵抗密钥恢复攻击的多变量签名方法"的美国专利，专利公开号 US20180006803A1。

五、新材料①

（一）国内专利数据

1. 钛

（1）总量数据

截至 2018 年年底，陕西在钛材料技术领域的国内发明专利公开量为 1249 件，位居全国首位，但与紧随其后的江苏和北京差距不大；2018 年当年陕西发明专利公开量为 304 件，位居全国首位，略领先于江苏、北京和四川（图 4–15）；陕西在该技术领域的发明专利累计授权量为 602 件，2018 年当年授权量为 68 件，同样位居全国首位（图 4–16）。

---

① 本部分从陕西省重点发展的若干种新材料中选择钛、钼、石墨烯等 3 种新材料进行分析。

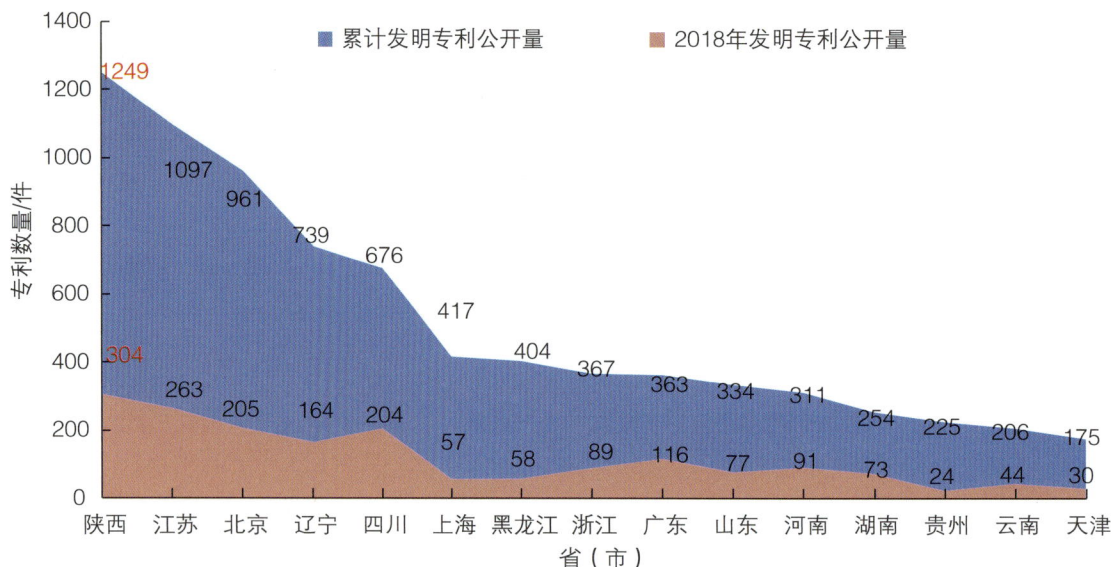

图 4-15 　钛材料技术领域部分省（市）的国内发明专利公开量数据

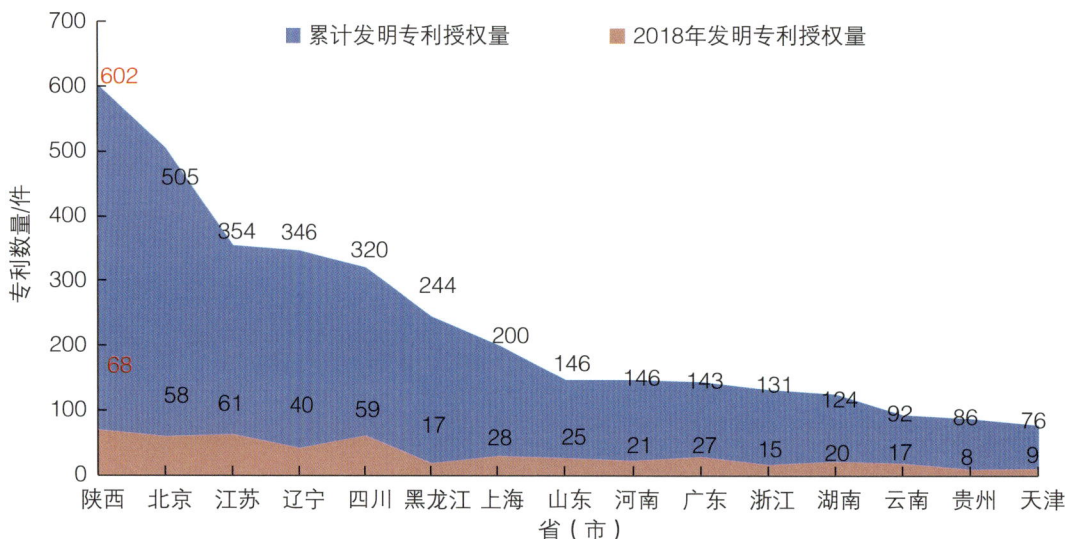

图 4-16 　钛材料技术领域部分省（市）的国内发明专利授权量数据

（2）申请主体数据

截至 2018 年年底，陕西在钛材料技术领域的国内发明专利申请机构 TOP 10 中企业和高校的个数各占一半，但企业的发明专利累计授权量和公开量分别占陕西总量的 59.00% 和 56.00%，贡献略大于高校；企业以西北有色金属研究院为领军者，高校以西北工业大学为领军者（图 4-17）。

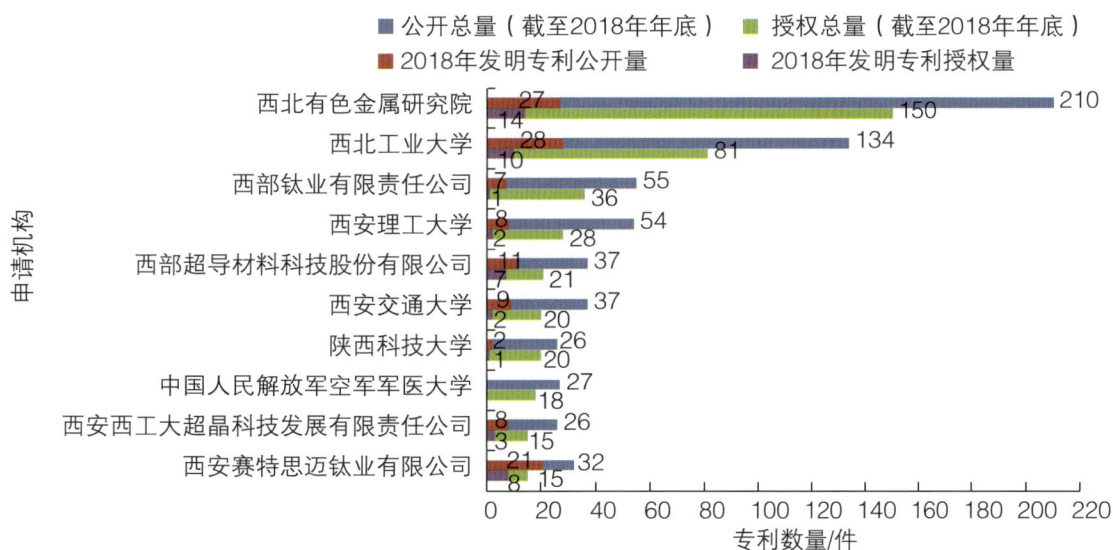

图 4-17　陕西钛材料技术领域国内发明专利申请机构 TOP 10

陕西企业在该技术领域的国内发明专利表现优异。位列前三的西北有色金属研究院及其参股或控股的西部钛业有限责任公司、西部超导材料科技股份有限公司的累计授权量总和占陕西该技术领域全部授权量的 1/3，显示出了西北有色金属研究院在钛材料技术领域雄厚的研发实力。西安赛特思迈钛业有限公司在 2018 年表现不俗，其当年发明专利公开量和授权量均超过其总量的 50%（图 4-18）。

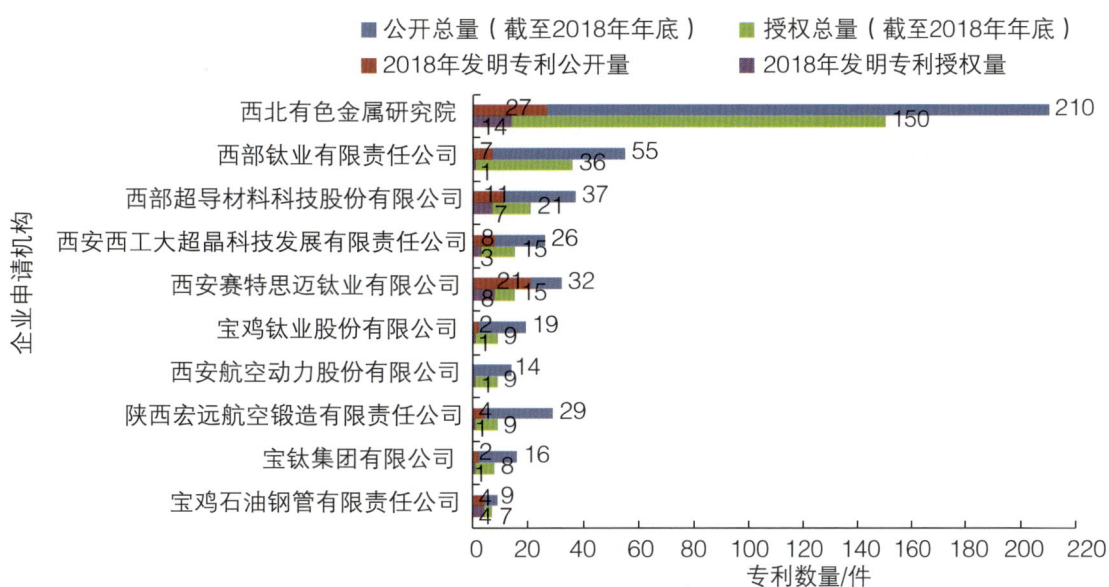

图 4-18　陕西钛材料技术领域国内发明专利企业申请机构 TOP 10

（3）优势技术方向

按 IPC 分类，截至 2018 年年底，陕西在钛材料技术领域国内授权发明专利主要集中在金属加工方向。特别是"用非轧制的方式生产金属板、线、棒、管、型材或类似半成品；与基本无切削金属加工有关的辅助加工"（B21C）方向、"锻造；锤击；压制；铆接；锻造炉"（B21J）方向及"借助于测定材料的化学或物理性质来测试或分析材料"（G01N）方向在全国位于领先地位，这 3 个技术方向的发明专利累计授权量占全国的比重均超过了1/3。

西北有色金属研究院在 C22C、C22F、B21C、B21J、G01N8 等 5 个技术方向上处于全国领先地位。西部钛业有限责任公司和西北工业大学也在 4 个技术分类中进入全国 TOP 5 机构，显示出了较强的研发实力。但在 C23C（对金属材料的镀覆、表面处理等）方向，陕西没有机构进入全国申请机构 TOP 5 之列（表 4-8）。

表 4-8　陕西钛材料技术领域授权发明专利 IPC 分类 TOP 10

IPC 技术分类	全国（截至 2018 年年底）		陕西（截至 2018 年年底）		
	授权量 / 件	主要申请主体	授权量 / 件	占全国比重	主要申请主体
C22C（合金）	1117	西北有色金属研究院（66） 哈尔滨工业大学（49） 中国科学院金属研究所（39） 北京科技大学（26） 北京航空航天大学（24）	143	12.80%	西北有色金属研究院（65） 西北工业大学（15） 陕西科技大学（13） 西安西工大超晶科技发展有限责任公司（9） 西部超导材料科技股份有限公司（7）
C22F（改变有色金属或有色合金的物理结构）	250	西北有色金属研究院（20） 西北工业大学（19） 哈尔滨工业大学（13） 西部钛业有限责任公司（11） 中国航空工业集团公司北京航空材料研究院（10）	71	28.40%	西北有色金属研究院（20） 西北工业大学（19） 西部钛业有限责任公司（11） 西部超导材料科技股份有限公司（3） 陕西宏远航空锻造有限责任公司（3）
B23K（钎焊或脱焊；焊接；用钎焊或焊接方法包覆或镀敷；局部加热切割，如火焰切割；用激光束加工）	322	哈尔滨工业大学（43） 西安理工大学（20） 西北工业大学（8） 山东大学（8） 哈尔滨工业大学（威海）（8）	54	16.77%	西安理工大学（20） 西北工业大学（8） 西北有色金属研究院（7） 西安交通大学（3） 宝鸡石油钢管有限责任公司（3）

续表

IPC 技术分类	全国（截至 2018 年年底）		陕西（截至 2018 年年底）		
	授权量 / 件	主要申请主体	授权量 / 件	占全国比重	主要申请主体
B23P（金属的其他加工；组合加工；万能机床）	124	哈尔滨工业大学（7） 中国航空工业集团公司北京航空制造工程研究所（6） 沈阳黎明航空发动机（集团）有限责任公司（5） 沈阳飞机工业（集团）有限公司（5） 西北有色金属研究院（4）	39	31.45%	西北有色金属研究院（4） 西安天力金属复合材料有限公司（3） 宝鸡市守善管件有限公司（3） 西北工业大学（2） 西部钛业有限责任公司（2） 宝鸡市永盛泰钛业有限公司（2） 宝鸡鑫泽钛镍有限公司（2）
B21B（金属的轧制）	109	西部钛业有限责任公司（13） 西北有色金属研究院（7） 哈尔滨工业大学（5） 湖南湘投金天钛金属有限公司（5） 攀钢集团攀枝花钢铁研究院有限公司（5）	30	27.52%	西部钛业有限责任公司（13） 西北有色金属研究院（7） 西安赛特思迈钛业有限公司（2）
B21C（用非轧制的方式生产金属板、线、棒、管、型材或类似半成品；与基本无切削金属加工有关的辅助加工）	87	西北有色金属研究院（6） 哈尔滨工业大学（5） 攀钢集团成都钢钒有限公司（4） 北京科技大学（4） 洛阳双瑞精铸钛业有限公司（3） 西部超导材料科技股份有限公司（3）	30	34.48%	西北有色金属研究院（6） 西部超导材料科技股份有限公司（3） 西部钛业有限责任公司（2） 西安赛特思迈钛业有限公司（2）
B21J（锻造；锤击；压制；铆接；锻造炉）	62	西北有色金属研究院（5） 西部钛业有限责任公司（5） 中国航空工业集团公司北京航空材料研究院（4） 西北工业大学（4） 沈阳黎明航空发动机（集团）有限责任公司（4）	26	41.94%	西北有色金属研究院（5） 西部钛业有限责任公司（5） 西北工业大学（4） 陕西宏远航空锻造有限责任公司（3） 西部超导材料科技股份有限公司（2） 西安西工大超晶科技发展有限责任公司（2）

IPC 技术分类	全国（截至 2018 年年底）		陕西（截至 2018 年年底）		
	授权量/件	主要申请主体	授权量/件	占全国比重	主要申请主体
B22F（金属粉末的加工；由金属粉末制造制品；金属粉末的制造）	219	北京科技大学（21） 哈尔滨工业大学（13） 中南大学（6） 西北有色金属研究院（5）	25	11.42%	西北有色金属研究院（5） 西北工业大学（3） 西安欧中材料科技有限公司（2）
C23C（对金属材料的镀覆；用金属材料对材料的镀覆；表面扩散法，化学转化或置换法的金属材料表面处理；真空蒸发法、溅射法、离子注入法或化学气相沉积法的一般镀覆）	240	太原理工大学（14） 南京航空航天大学（11） 山东大学（10） 上海交通大学（7） 江苏大学（7）	18	7.50%	西北有色金属研究院（5） 西北工业大学（3） 西安交通大学（3） 西安西工大超晶科技发展有限责任公司（1） 宝鸡石油钢管有限责任公司（1）
G01N（借助于测定材料的化学或物理性质来测试或分析材料）	43	西北有色金属研究院（4） 西北工业大学（4） 沈阳黎明航空发动机（集团）有限责任公司（3）	15	34.88%	西北有色金属研究院（4） 西北工业大学（4） 陕西宏远航空锻造有限责任公司（2） 西安航空动力股份有限公司（2）

2. 钼

（1）总量数据

截至 2018 年年底，陕西在钼材料技术领域的国内发明专利公开量为 296 件，位居全国首位，远高于位列第二的北京和位列第三的江苏；2018 年当年陕西发明专利公开量为 68 件，位居全国首位，略领先于北京和江苏（图 4-19）；陕西在该技术方向的发明专利累计授权量为 169 件，2018 年当年授权量为 28 件，同样位居全国首位（图 4-20）。

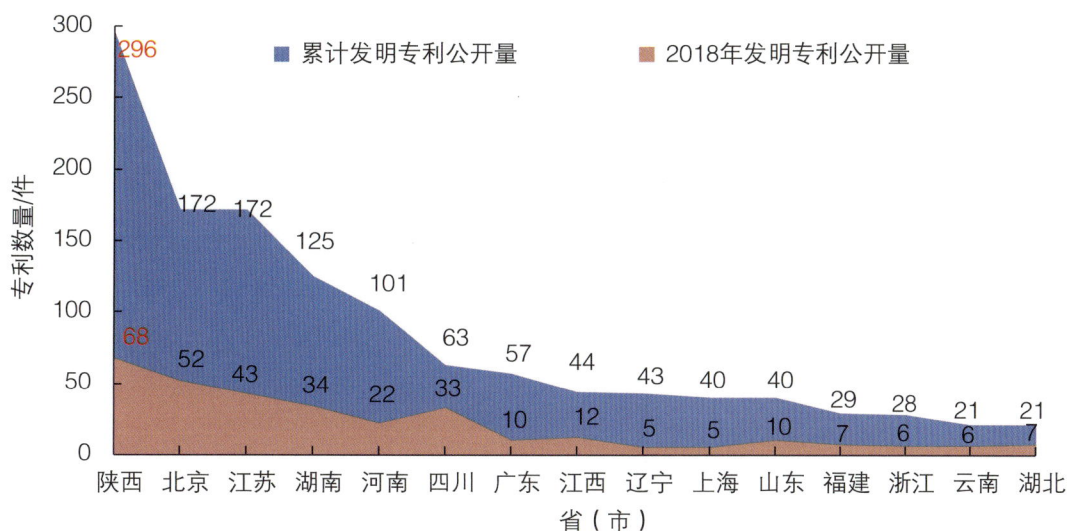

图 4-19 钼材料技术领域部分省（市）的国内发明专利公开量数据

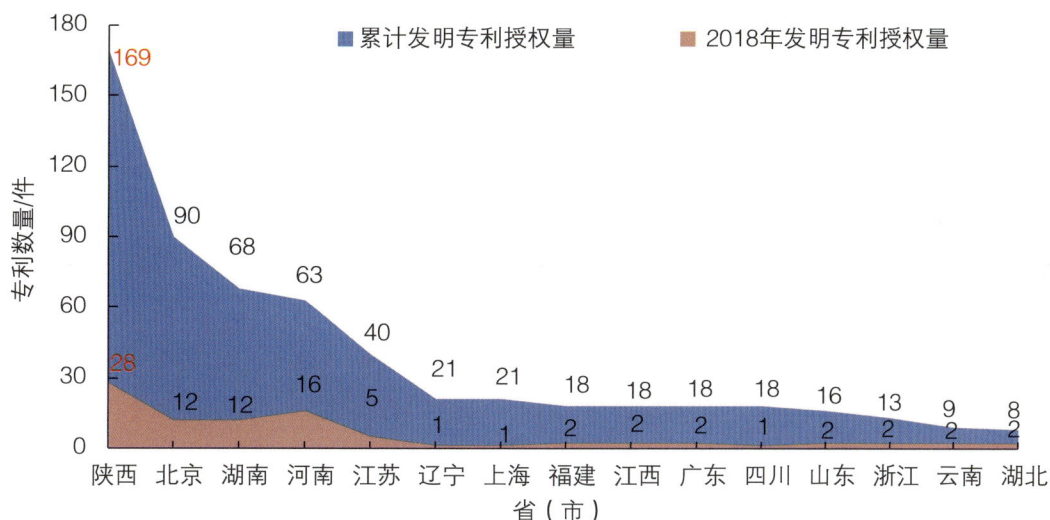

图 4-20 钼材料技术领域部分省（市）的国内发明专利授权量数据

（2）申请主体数据

截至 2018 年年底，陕西在钼材料技术领域的国内发明累计授权和公开量以企业占据绝对优势，申请机构 TOP 10 中有 7 家企业，特别是金堆城钼业股份有限公司在该技术领域的国内发明专利量遥遥领先，占到全省的一半以上，显示了其在省内的领军者地位。西安建筑科技大学在该技术领域的发明专利累计公开量和授权量均位居全省第二，但数量仅为金堆城钼业股份有限公司的 14.51%（图 4-21）。此外，民营企业在该技术领域的表现也较好（图 4-22）。

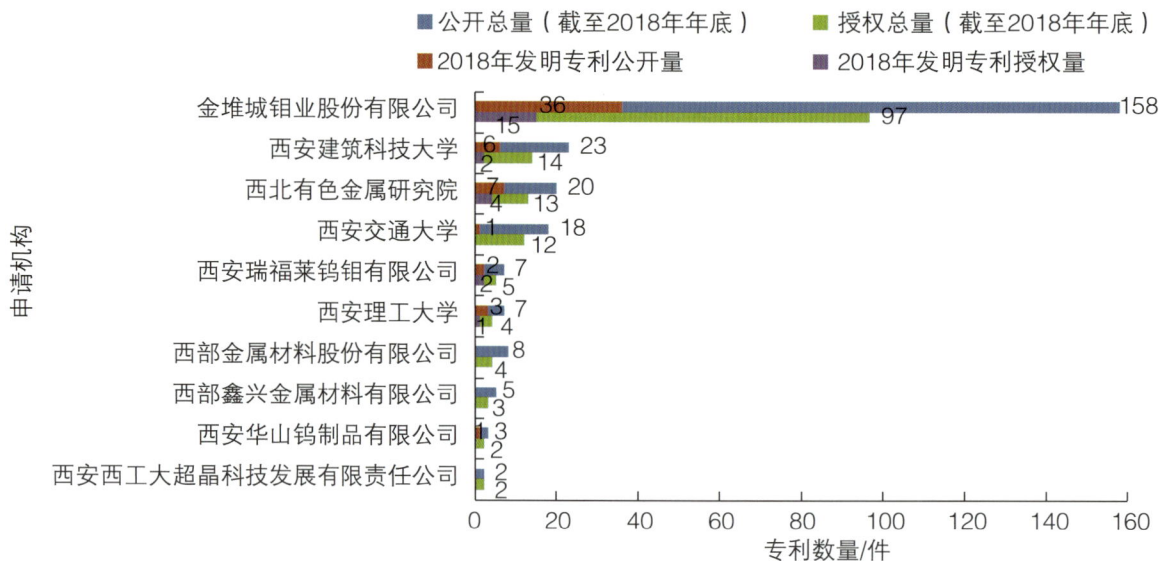

图 4-21　陕西钼材料技术领域国内发明专利申请机构 TOP 10

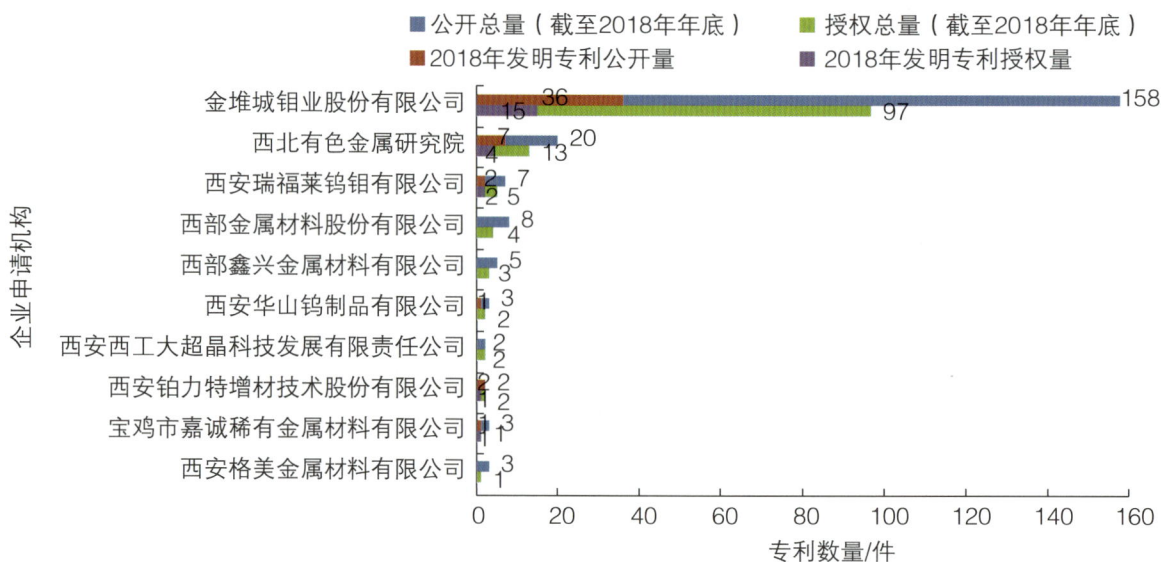

图 4-22　陕西钼材料技术领域国内发明专利企业申请机构 TOP 10

（3）优势技术方向

按 IPC 分类，截至 2018 年年底，陕西在钼材料技术领域国内授权发明专利主要集中在合金、金属粉末的加工制造、金属生产或精炼等方向，尤其是在 B03D（浮选；选择性沉积法）和 C01G（含有不包含在 C01D 或 C01F 小类中之金属的化合物）两个技术方向的授权发明专利在全国的占比分别为 62.50% 和 50.00%，具有明显的优势。特别是金堆城钼业股份有限公司表现尤其突出，在 C22C（合金）、B22F（金属粉末的加工、制造、制品及专用设备）、B03D（浮选；选择性沉积法）、B21C（用非轧制的方式生产金属板、线、棒、管、型材或类似半成品；与基本无切削金属加工有关的辅助加工）、B23P（金属的其他加工；组合加工；万能机床）、C01G（含有不包含在 C01D 或 C01F 小类中之金属的化合物）、B01J（化学或物理方法，如催化作用或胶体化学；其有关设备）等 7 个技术方向上，处于全国领先地位。

陕西在钼材料技术领域的国内授权发明专利申请机构主要被企业垄断。仅西安建筑科技大学在 C23C（对金属材料的镀覆、表面处理等）技术方向上位列第一，表现了其在该技术领域具有较强的研发实力。

值得注意的是，H.C. 施塔克公司和日立金属株式会社两家国外机构在 C23C 技术方向上有一定量的专利申请，说明这两家国外企业在钼材料技术领域通过专利申请在我国进行市场布局，参与中国市场竞争（表 4-9）。

表 4-9　陕西钼材料技术领域授权发明专利 IPC 分类 TOP 10

IPC 技术分类	全国（截至 2018 年年底）		陕西（截至 2018 年年底）		
	授权量 / 件	主要申请主体	授权量 / 件	占全国比重	主要申请主体
C22C（合金）	208	金堆城钼业股份有限公司（18） 河南科技大学（12） 北京科技大学（8） 西安交通大学（8） 西北有色金属研究院（7） 北京工业大学（7）	50	24.04%	金堆城钼业股份有限公司（18） 西安交通大学（8） 西北有色金属研究院（7） 西安建筑科技大学（3） 西部金属材料股份有限公司（3）
B22F（金属粉末的加工；由金属粉末制造制品；金属粉末的制造；金属粉末的专用装置或设备）	136	金堆城钼业股份有限公司（37） 洛阳科威钨钼有限公司（5） 北京科技大学（4） 中南大学（4） 西安交通大学（3） 北京有色金属研究总院（3）	49	36.03%	金堆城钼业股份有限公司（37） 西安交通大学（3） 西安建筑科技大学（2） 西安瑞福莱钨钼有限公司（2） 西安理工大学（2） 西安铂力特增材技术股份有限公司（2）
C22B（金属的生产或精炼；原材料的预处理）	182	中南大学（32） 金堆城钼业股份有限公司（11） 北京矿冶研究总院（7） 中国石油化工股份有限公司（5） 中国石油化工股份有限公司抚顺石油化工研究院（5）	20	10.99%	金堆城钼业股份有限公司（11） 西北有色金属研究院（3） 西部鑫兴金属材料有限公司（3）

续表

IPC 技术分类	全国（截至 2018 年年底）		陕西（截至 2018 年年底）		
	授权量/件	主要申请主体	授权量/件	占全国比重	主要申请主体
C23C（对金属材料的镀覆；用金属材料对材料的镀覆；表面扩散法，化学转化或置换法的金属材料表面处理；真空蒸发法、溅射法、离子注入法或化学气相沉积法的一般镀覆）	55	西安建筑科技大学（6） 日立金属株式会社（6） 金堆城钼业股份有限公司（5） H.C.施塔克公司（4） 洛阳高新四丰电子材料有限公司（4）	15	27.27%	西安建筑科技大学（6） 金堆城钼业股份有限公司（5） 西安瑞福莱钨钼有限公司（2） 西安理工大学（1） 宝鸡市科迪普有色金属加工有限公司（1）
B03D（浮选；选择性沉积法）	8	金堆城钼业股份有限公司（4） 洛阳栾川钼业集团股份有限公司（3） 西安建筑科技大学（1） 嵩县开拓者钼业有限公司（1）	5	62.50%	金堆城钼业股份有限公司（4） 西安建筑科技大学（1） 洛阳栾川钼业集团股份有限公司（1）
B21C（用非轧制的方式生产金属板、线、棒、管、型材或类似半成品；与基本无切削金属加工有关的辅助加工）	10	金堆城钼业股份有限公司（2） 北京有色金属研究总院（1） 西北有色金属研究院（1） 西安交通大学（1）	4	40.00%	金堆城钼业股份有限公司（2） 西北有色金属研究院（1） 西安交通大学（1）
B23P（金属的其他加工；组合加工；万能机床）	17	金堆城钼业股份有限公司（4） 洛阳科威钨钼有限公司（3）	4	23.53%	金堆城钼业股份有限公司（4）
C01G（含有不包含在 C01D 或 C01F 小类中之金属的化合物）	6	金堆城钼业股份有限公司（3） 嵩县开拓者钼业有限公司（1） H.C.施塔克公司（1）	3	50.00%	金堆城钼业股份有限公司（2） 金堆城钼业公司（1）

续表

IPC 技术分类	全国（截至 2018 年年底）		陕西（截至 2018 年年底）		
	授权量/件	主要申请主体	授权量/件	占全国比重	主要申请主体
B01J（化学或物理方法，如催化作用或胶体化学；其有关设备）	8	金堆城钼业股份有限公司（2）	2	25.00%	金堆城钼业股份有限公司（2）
B21D（金属板或管、棒或型材的基本无切削加工或处理；冲压）	2	金堆城钼业股份有限公司（1）西安超晶新能源材料有限公司（1）	2	100.00%	金堆城钼业股份有限公司（1）西安超晶新能源材料有限公司（1）

3. 石墨烯

（1）总量数据

截至 2018 年年底，陕西在石墨烯技术领域的国内发明专利累计公开量为 236 件，位居全国第八，不足江苏的 1/4；2018 年当年陕西发明专利公开量为 70 件，位居全国第十，约为江苏的 1/4（图 4-23）。陕西在该技术领域的发明专利累计授权量 89 件，位居全国第八；2018 年当年授权量为 14 件，位居全国第十二（图 4-24）。

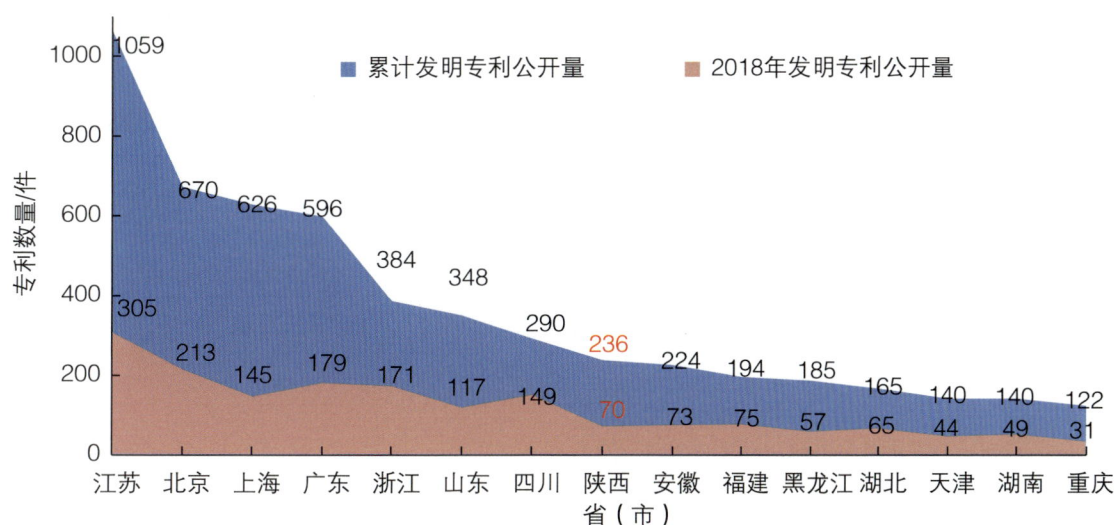

图 4-23　石墨烯技术领域部分省（市）的国内发明专利公开量数据

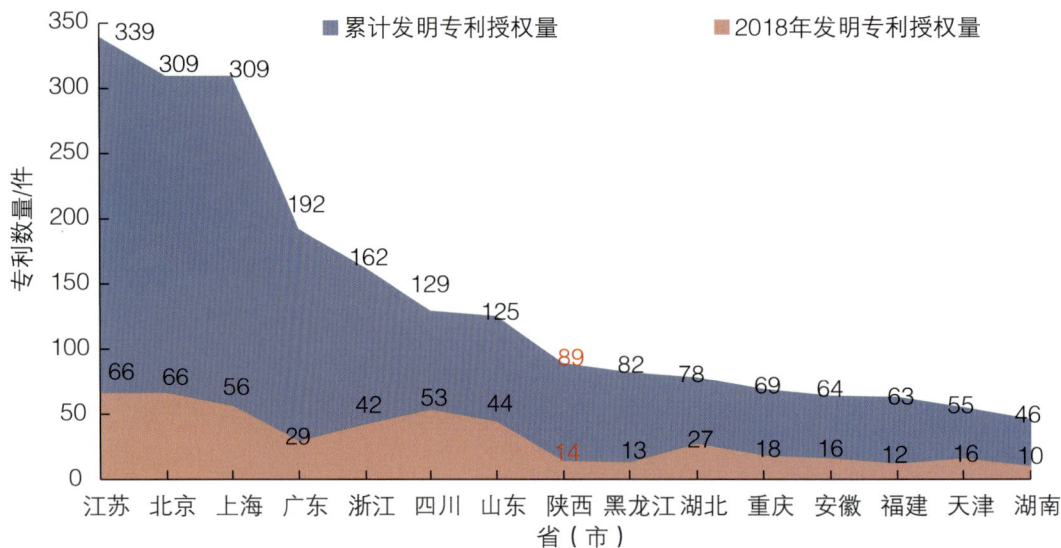

图 4-24　石墨烯技术领域部分省（市）的国内发明专利授权量数据

（2）申请主体数据

截至 2018 年年底，陕西在石墨烯技术领域的国内发明专利累计授权和公开量以高校占据绝对优势，申请机构 TOP 10 中有 9 家高校，特别是西安电子科技大学在该技术领域的国内发明专利量远高于其他高校，显示了其在省内的领军者地位（图 4-25）。

陕西企业在该技术领域表现远不如高校，进入 TOP 10 的企业主要是技术开发类转制院所及民营企业，民营企业有 6 家，说明陕西民企在石墨烯技术领域具备一定的研发实力（图 4-26）。

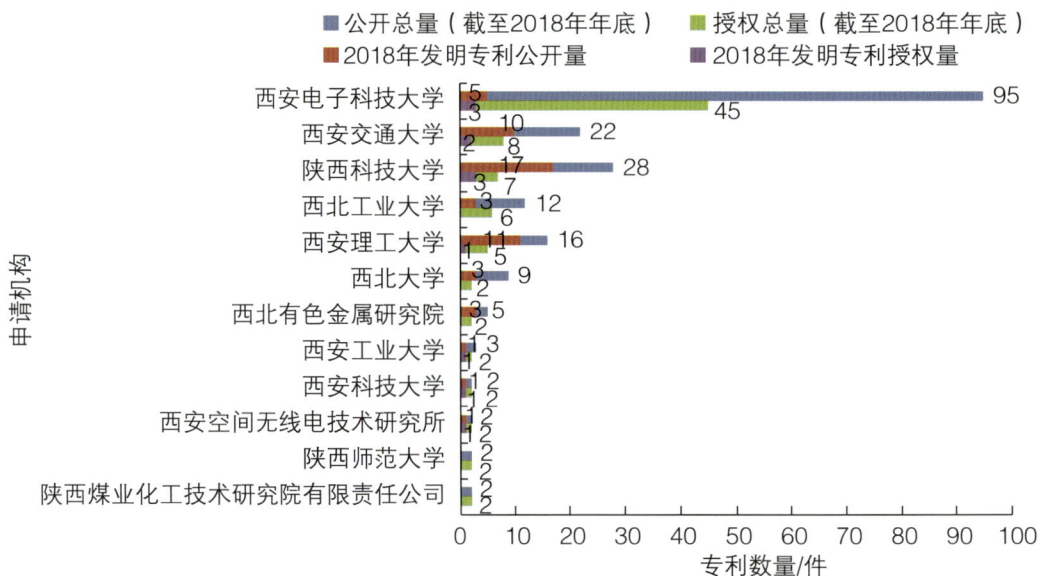

图 4-25　陕西石墨烯技术领域国内发明专利申请机构 TOP 10

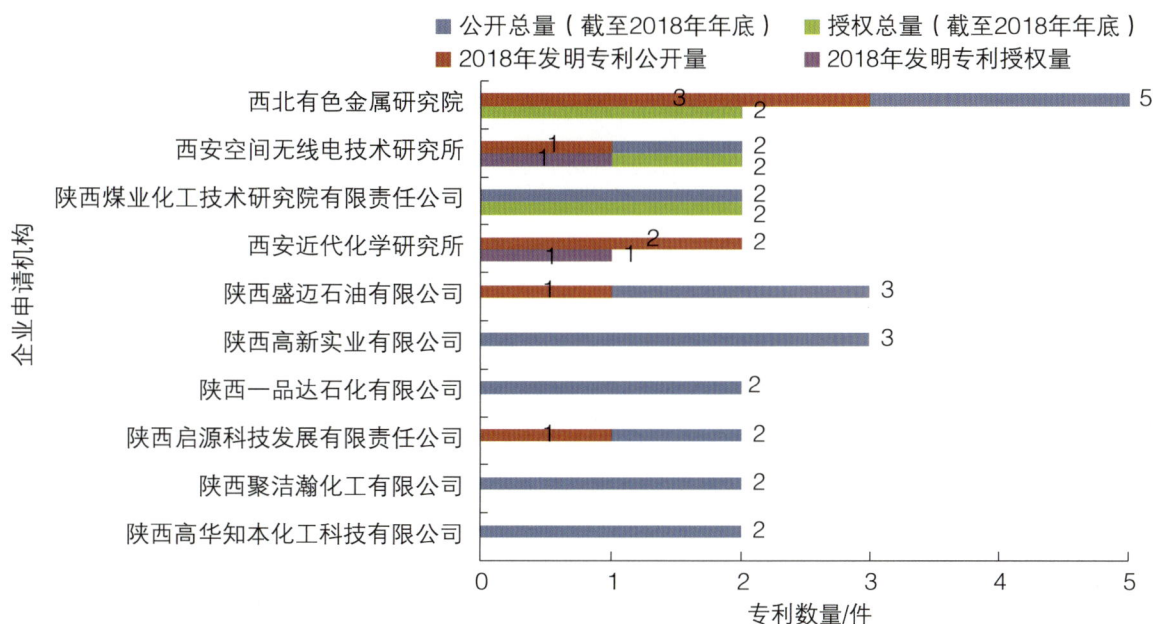

图 4-26　陕西石墨烯技术领域国内发明专利企业申请机构 TOP 10

（3）优势技术方向

按 IPC 分类，截至 2018 年年底，陕西在石墨烯技术领域国内授权发明专利主要集中在非金属元素及其化合物、半导体器件方向。特别是西安电子科技大学在 H01L（半导体器件）和 C30B（单晶生长、共晶材料制备及其后处理）这两个技术分类中表现较好，进入全国 TOP 5 机构，均位居全国第二。

陕西在石墨烯技术领域国内授权发明专利的申请全部被省内几所主要高校垄断。没有一家企业进入申请机构 TOP 5 之列（表 4-10）。

表 4-10　陕西石墨烯领域授权发明专利 IPC 分类 TOP 10

IPC 技术分类	全国（截至 2018 年年底）		陕西（截至 2018 年年底）		
	授权量 / 件	主要申请主体	授权量 / 件	占全国比重	主要申请主体
C01B（非金属元素；其化合物）	1792	成都新柯力化工科技有限公司（68） 海洋王照明科技股份有限公司（64） 中国科学院宁波材料技术与工程研究所（38） 哈尔滨工业大学（31） 上海交通大学（31） 浙江大学（31）	36	2.01%	西安电子科技大学（14） 西北工业大学（5） 西安交通大学（3） 西安理工大学（3） 陕西科技大学（2） 西北有色金属研究院（2）

续表

IPC 技术分类	全国（截至 2018 年年底）		陕西（截至 2018 年年底）		
	授权量/件	主要申请主体	授权量/件	占全国比重	主要申请主体
H01L（半导体器件；其他类目中不包括的电固体器件）	176	中国科学院上海微系统与信息技术研究所（26） 西安电子科技大学（22） 复旦大学（14） 中国科学院微电子研究所（14） 北京大学（10） 国际商业机器公司（10）	23	13.07%	西安电子科技大学（2） 西安交通大学（1）
C23C（对金属材料的镀覆；用金属材料对材料的镀覆；表面扩散法，化学转化或置换法的金属材料表面处理；真空蒸发法、溅射法、离子注入法或化学气相沉积法的一般镀覆）	116	中国科学院重庆绿色智能技术研究院（9） 中国科学院上海微系统与信息技术研究所（7） 重庆墨希科技有限公司（7） 中国科学院微电子研究所（5） 常州二维碳素科技股份有限公司（4） 吉林大学（4） 西安电子科技大学（4）	9	7.76%	西安电子科技大学（4） 西安交通大学（1） 西安近代化学研究所（1） 西安空间无线电技术研究所（1） 西北大学（1）
C30B（单晶生长；共晶材料的定向凝固或共析材料的定向分层；材料的区熔精炼；具有一定结构的均匀多晶材料的制备；单晶或具有一定结构的均匀多晶材料；单晶或具有一定结构的均匀多晶材料之后处理）	35	北京大学（7） 山东大学（3） 西安电子科技大学（3） 电子科技大学（2） 中国科学院化学研究所（2） 中国科学院金属研究所（2） 中国科学院上海硅酸盐研究所（2） 中国科学院上海微系统与信息技术研究所（2）	3	8.57%	西安电子科技大学（3）
C01G（用于直接转变化学能为电能的方法或装置）	40	海洋王照明科技股份有限公司（2） 诺基亚技术有限公司（2） 天津大学（2）	2	5.00%	陕西科技大学（1） 西安科技大学（1）

续表

IPC 技术分类	全国（截至 2018 年年底）		陕西（截至 2018 年年底）		
	授权量/件	主要申请主体	授权量/件	占全国比重	主要申请主体
C04B（含有不包含在 C01D 或 C01F 小类中之金属的化合物）	29	江苏大学（3） 哈尔滨理工大学（2） 南京理工大学（2） 上海交通大学（2）	2	6.90%	陕西科技大学（1） 陕西煤业化工技术研究院有限责任公司(1)
H01M（石灰；氧化镁；矿渣；水泥；其组合物，如砂浆、混凝土或类似的建筑材料；人造石；陶瓷；耐火材料；天然石的处理）	14	东南大学（1） 福建省盛威建设发展有限公司（1） 哈尔滨工业大学（1） 合肥杰事杰新材料股份有限公司(1) 宏峰集团（福建）有限公司（1） 江西龙正科技发展有限公司（1） 康宁股份有限公司（1） 齐鲁工业大学（1） 陕西科技大学（1） 上海大学（1） 上海应用技术学院（1） 苏州东南佳新材料股份有限公司(1) 西安电子科技大学（1） 中铁十二局集团有限公司（1）	2	14.29%	陕西科技大学（1） 西安电子科技大学(1)
B32B（层状产品，即由扁平的或非扁平的薄层，如泡沫状的、蜂窝状的薄层构成的产品）	13	北京化工大学（1） 电子科技大学（1） 国际商业机器公司（1） 国家纳米科学中心（1） 南京信息工程大学（1） 南开大学（1） 深圳市铭晶科技有限公司（1） 西安理工大学（1） 湘潭大学（1） 中国科学技术大学（1） 中国科学院近代物理研究所（1） 中国科学院宁波材料技术与工程研究所（1）	1	7.69%	西安理工大学（1）

续表

IPC 技术分类	全国（截至 2018 年年底）		陕西（截至 2018 年年底）		
	授权量 / 件	主要申请主体	授权量 / 件	占全国比重	主要申请主体
C01F（无环或碳环化合物）	7	巴斯夫欧洲公司（2） 北京航空航天大学（1） 陕西师范大学（1） 天津大学（1） 浙江工业大学（1） 中国科学院上海硅酸盐研究所（1）	1	14.29%	陕西师范大学（1）
C07C（使用无机物或非高分子有机物作为配料）	7	拜耳知识产权有限责任公司（1） 华东理工大学（1） 曼彻斯特大学（1） 同济大学（1） 西安理工大学（1） 株式会社 LG 化学（1）	1	14.29%	西安理工大学（1）

（二）国外专利数据

2017—2018 年，陕西在钼材料技术领域国外专利公开量仅有 2 件，2018 年和 2017 年各 1 件。其中，美国专利和 PCT 国际专利各 1 件。

陕西在石墨烯技术领域国外专利公开量仅有 5 件，全部为 2017 年公开。其中，美国专利 1 件，PCT 国际专利 4 件。

钛材料技术领域无国外专利申请。

申请主体当中，宝鸡市科迪普新材料有限公司的 1 件专利通过 PCT 申请，主要在美、日、韩公开，共计 DWPI 同族专利记录 6 条，主要分布在合金技术方向。西安交通大学的 1 件专利分布在焊接加工技术方向。西安电子科技大学的 3 件专利的同族专利主要在美公开，共计 DWPI 同族专利记录 10 条，主要分布在半导体器件和金属材料镀覆两个技术方向。西安隆基硅材料股份有限公司的 2 件专利分布在半导体器件技术方向（表 4–11）。

表 4–11　2017—2018 年陕西新材料技术领域申请的国外专利公开数据

序号	所属新材料领域	专利名称	申请主体	主分类号	同族专利数 / 个
1	钼	一种基于微合金化与同步寄生钎焊的钼合金熔焊方法	西安交通大学	B23K1/20	2

续表

序号	所属新材料领域	专利名称	申请主体	主分类号	同族专利数/个
2	钼	Molybdenum-niobium alloy plate target material processing technique	宝鸡市科迪普有色金属加工有限公司	C22C1/04	6
3	石墨烯	基于石墨烯与磁控溅射氮化铝的氮化镓生长方法	西安电子科技大学	H01L33/04	5
4		Process for preparing graphene on a SiC substrate based on metal film-assisted annealing	西安电子科技大学	C23C14/06	3
5		基于 Si 衬底的 GaN 基材料及其制作方法	西安电子科技大学	H01L33/32	2
6		晶体硅及其制备方法	西安隆基硅材料股份有限公司	H01L31/18	2
7		晶体硅及其制备方法	西安隆基硅材料股份有限公司	C30B29/06	2

六、生物医药 [①]

（一）国内专利数据

（1）总量数据

截至 2018 年年底，陕西在生物医药技术领域的国内发明专利累计公开量为 13 577 件，位居全国第十三，不足山东的 1/6；2018 年当年陕西发明专利公开量为 2601 件，位居全国第十二，不足山东的 1/4（图 4-27）；陕西在该技术领域的发明专利累计授权量为 4817 件，位居全国第十三，不足山东的 1/4，2018 年当年授权量为 484 件，位居全国第十二，同比增长 17.76%，不足山东的 1/4（图 4-28），与强省具有一定差距。

---

① 本报告生物医药范畴包括传统医药行业和生物技术在医药行业的应用技术两个部分。

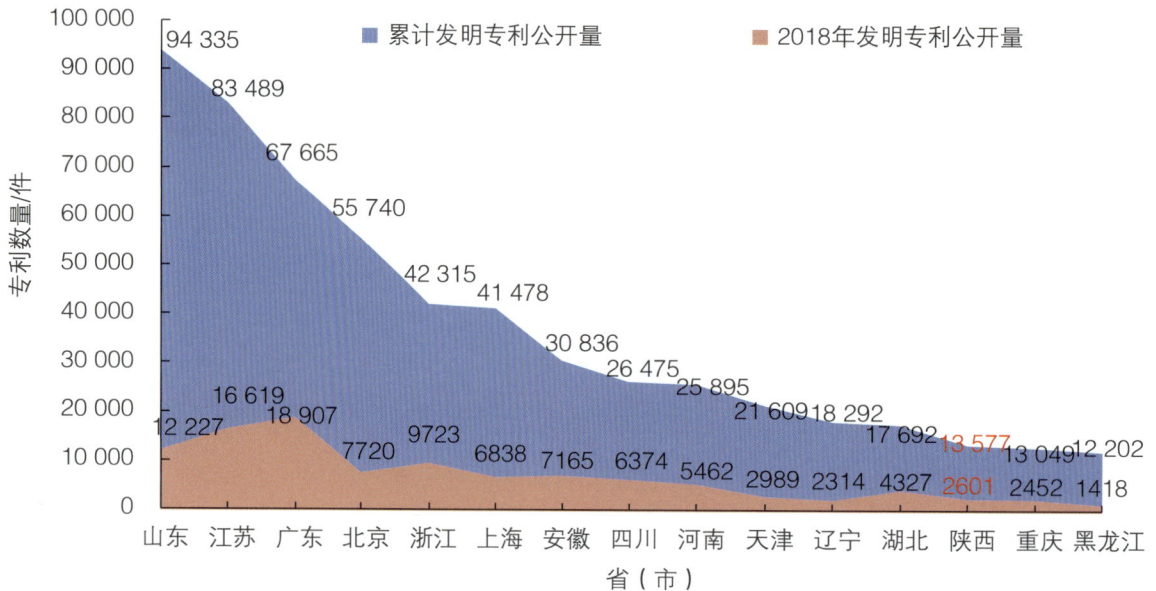

图 4-27 生物医药技术领域部分省（市）的国内发明专利公开量数据

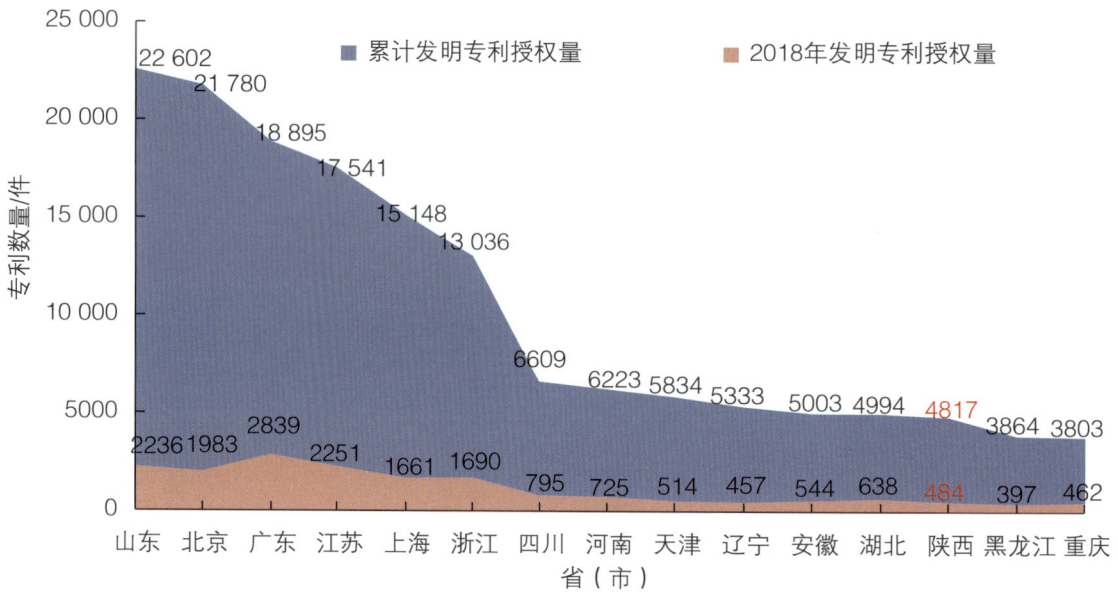

图 4-28 生物医药技术领域部分省（市）的国内发明专利授权量数据

（2）申请主体数据

截至 2018 年年底，陕西在生物医药领域的国内发明专利授权和公开累计量均以高校占据绝对优势，申请机构 TOP 10 中有 8 家高校，特别是中国人民解放军空军军医大学在该技术领域的国内发明专利量高居榜首，突显了其在省内该领域的"领头羊"地位，西安交通大学和西北农林科技大学分别位居第二和第三（图 4-29）。

公开总量（截至2018年年底）　授权总量（截至2018年年底）
2018年发明专利公开量　2018年发明专利授权量

申请机构

中国人民解放军空军军医大学　247　63　654　1417
西安交通大学　277　88　556　1058
西北农林科技大学　69　19　250　608
陕西科技大学　73　14　155　388
陕西步长制药集团　3　2　173　124
陕西师范大学　63　20　245　122
西北大学　64　16　283　115
西北工业大学　54　13　223　96
西安电子科技大学　26　6　155　82
西安力邦企业（集团）投资有限公司　16　8　98　37

专利数量/件
0　200　400　600　800　1000　1200　1400　1600

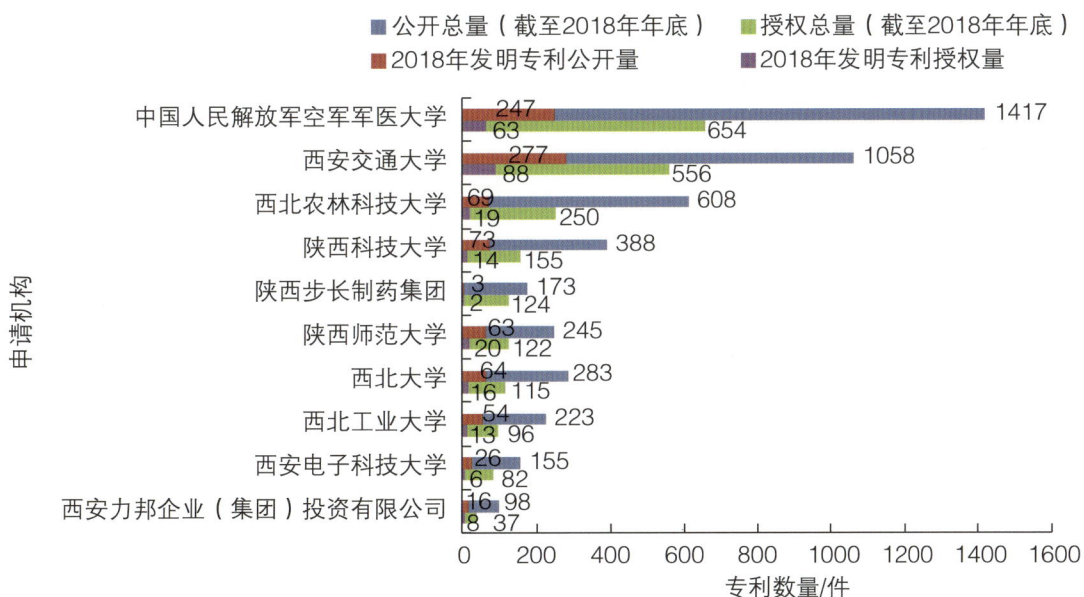

图 4-29　陕西生物医药技术领域国内发明专利申请机构 TOP 10

　　陕西企业在该技术领域的国内发明专利表现不如省内高校，仅陕西步长制药集团、西安立邦企业（集团）投资有限公司进入陕西该领域 TOP 10 机构中。但进入 TOP 10 的企业申请主体中，以民营企业居多（图 4-30），说明陕西民营企业在生物医药领域中具有一定的研究实力。值得注意的是，陕西步长制药集团虽然累计发明专利授权量排名进入 TOP 10 机构，但是在 2018 年表现不尽人意，无论是申请量还是授权量数量均很少（图 4-30）。

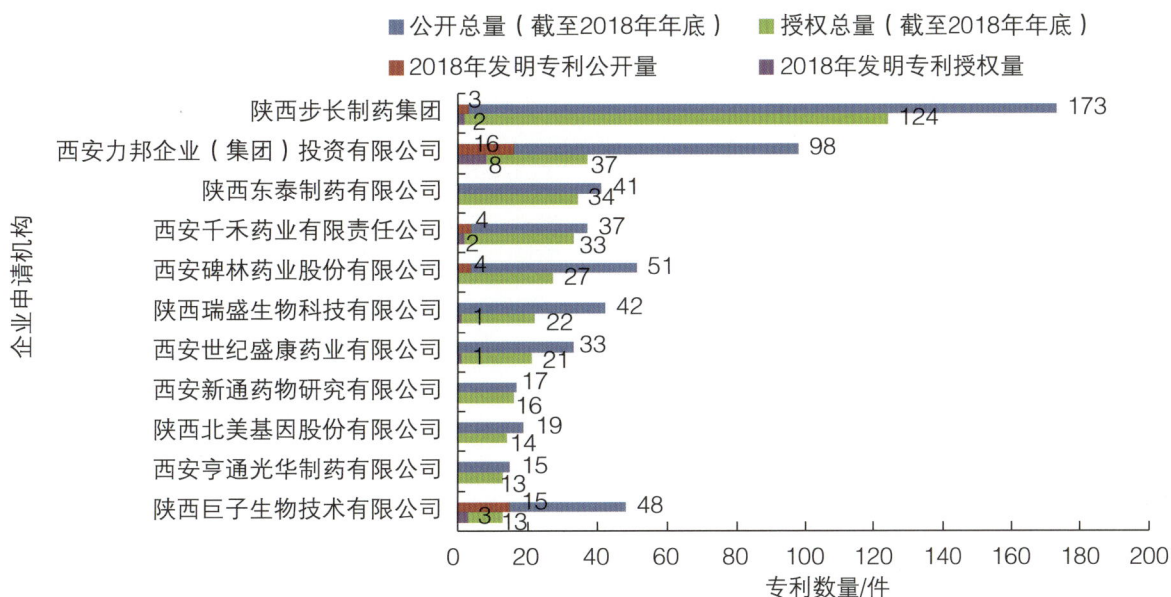

公开总量（截至2018年年底）　授权总量（截至2018年年底）
2018年发明专利公开量　2018年发明专利授权量

企业申请机构

陕西步长制药集团　3　2　173　124
西安力邦企业（集团）投资有限公司　16　8　98　37
陕西东泰制药有限公司　34　41
西安千禾药业有限责任公司　4　2　37　33
西安碑林药业股份有限公司　4　27　51
陕西瑞盛生物科技有限公司　1　42　22
西安世纪盛康药业有限公司　1　33　21
西安新通药物研究有限公司　17　16
陕西北美基因股份有限公司　19　14
西安亨通光华制药有限公司　15　13
陕西巨子生物技术有限公司　3　13　48　15

专利数量/件
0　20　40　60　80　100　120　140　160　180　200

图 4-30　陕西生物医药技术领域国内发明专利企业申请机构 TOP 10

（3）优势技术方向

按 IPC 分类，截至 2018 年年底，陕西在生物医药技术领域国内授权发明专利主要集中在医用、牙科用或梳妆用的配制品、化合物或药物制剂的特定治疗活性方向上。特别是中国人民解放军空军军医大学在 A61K（医用、牙科用或梳妆用的配制品）、A61P（化合物或药物制剂的特定治疗活性）、A61B（诊断；外科；鉴定）、A61L（材料或消毒的一般方法或装置）等技术方向上，在陕西处于领先地位。从整体上看，陕西机构在生物医药技术领域中的专利在我国表现并不突出，未见进入全国 TOP 5 的代表性机构。

在 A61K（医用、牙科用或梳妆用的配制品）、A61B（诊断；外科；鉴定）、A61F（可植入血管内的滤器等）、A61M（将介质输入人体内或输到人体上的器械）、C07D（杂环化合物）等生物领域技术方向上，专利授权量 TOP 5 机构基本被国外企业垄断，可见在该技术领域国外企业非常重视我国市场及在我国的知识产权保护。

陕西在生物领域的国内授权发明专利的申请主体基本为省内几所高校。仅在 A61K（医用、牙科用或梳妆用的配制品）、A61P（化合物或药物制剂的特定治疗活性）技术方向上，陕西步长制药集团和西安力邦企业（集团）投资有限公司进入陕西申请机构 TOP 5 之列（表4-12）。

表 4-12 陕西生物医药技术领域授权发明专利 IPC 分类 TOP 10

IPC 技术分类	全国（截至 2018 年年底）		陕西（截至 2018 年年底）		
	授权量/件	申请主体 TOP 5	授权量/件	占全国比重	申请主体 TOP 5
A61K（医用、牙科用或梳妆用的配制品）	152 101	莱雅公司（520） 浙江大学（430） 荷兰联合利华有限公司（415） 宝洁公司（403） 天津天士力制药股份有限公司（403）	2739	1.80%	中国人民解放军空军军医大学（183） 陕西步长制药集团（119） 西北农林科技大学（106） 西安交通大学（81） 西安力邦企业（集团）投资有限公司（51）
A61P（化合物或药物制剂的特定治疗活性）	120 008	浙江大学（758） 中国药科大学（678） 中国人民解放军第二军医大学（664） 中国科学院上海药物研究所（576） 沈阳药科大学（568）	2453	2.04%	中国人民解放军空军军医大学（296） 西安交通大学（158） 西北农林科技大学（145） 陕西步长制药集团（113） 西安力邦企业（集团）投资有限公司（51） 陕西师范大学（51）

续表

IPC 技术分类	全国（截至 2018 年年底）		陕西（截至 2018 年年底）		
	授权量/件	申请主体 TOP 5	授权量/件	占全国比重	申请主体 TOP 5
A61B（诊断；外科；鉴定）	41 887	奥林巴斯株式会社（1991） 东芝株式会社（1988） 皇家飞利浦有限公司（1363） 伊西康内外科公司（847） 西门子公司（674）	586	1.40%	西安交通大学（120） 中国人民解放军空军军医大学（109） 西安电子科技大学（41） 西北工业大学（12） 飞秒光电科技（西安）有限公司（10）
A61L（材料或消毒的一般方法或装置；空气的灭菌、消毒或除臭；绷带、敷料、吸收垫或外科用品的化学方面；绷带、敷料、吸收垫或外科用品的材料）	15 055	浙江大学（139） 四川大学（95） 宝洁公司（81） 华南理工大学（78） 东华大学（78）	408	2.71%	中国人民解放军空军军医大学（46） 西安交通大学（39） 陕西科技大学（22） 陕西瑞盛生物科技有限公司（16） 西北工业大学（14）
C12N（微生物或酶；其组合物）	28 736	江南大学（512） 浙江大学（350） 中国农业大学（237） 华中农业大学（220） 南京农业大学（190）	393	1.37%	西北农林科技大学（65） 中国人民解放军空军军医大学（44） 西安交通大学（21） 陕西师范大学（19） 西北大学（17）
C07K（肽）	19 203	中国农业大学（164） 中国科学院遗传与发育生物学研究所（141） 首都医科大学（126） 浙江大学（121） 中国科学院上海生命科学研究院（93）	247	1.29%	中国人民解放军空军军医大学（72） 西安交通大学（16） 西北工业大学（10） 陕西师范大学（8） 西北农林科技大学（7）
A61F（可植入血管内的滤器；假体；为人体管状结构提供开口或防止其塌陷的装置；整形外科、护理或避孕装置；热敷、眼或耳的治疗或保护；绷带、敷料或吸收垫；急救箱）	16 216	尤妮佳股份有限公司（980） 宝洁公司（414） 金伯利－克拉克环球有限公司（285） 花王株式会社（263） 3M 创新有限公司（88）	223	1.38%	西安交通大学（49） 中国人民解放军空军军医大学（38） 西北工业大学（7） 陕西科技大学（5） 西安理工大学（4）

IPC 技术分类	全国（截至 2018 年年底）		陕西（截至 2018 年年底）		
	授权量/件	申请主体 TOP 5	授权量/件	占全国比重	申请主体 TOP 5
A61M（将介质输入人体内或输到人体上的器械）	16 737	赛诺菲－安万特德国有限公司（287） 皇家飞利浦有限公司（243） 贝克顿－迪金森公司（231） 泰尔茂株式会社（195） 3M 创新有限公司（45）	200	1.19%	中国人民解放军空军军医大学（29） 西安交通大学（20） 西安力邦企业（集团）投资有限公司（6） 陕西远光高科技有限公司（5） 西安电子科技大学（2）
C07D（杂环化合物）	23 280	霍夫曼－拉罗奇有限公司（488） 詹森药业有限公司（370） 弗·哈夫曼－拉罗切有限公司（350） 中国科学院上海药物研究所（259） 诺瓦提斯公司（221）	188	0.80%	西安交通大学（41） 陕西科技大学（19） 陕西师范大学（18） 西北农林科技大学（17） 中国人民解放军空军军医大学（16）
C12P（发酵或使用酶的方法合成目标化合物或组合物或从外消旋混合物中分离旋光异构体）	12 480	江南大学（184） 华南理工大学（98） 浙江大学（84） 华东理工大学（80） 南京工业大学（79）	156	1.25%	陕西科技大学（19） 西北农林科技大学（6） 西北大学（5） 陕西省微生物研究所（3） 西安交通大学（2）

（二）国外专利数据

1. PCT 国际专利

2018 年，陕西在生物医药领域申请的 PCT 国际专利公开量合计 29 件，比 2017 年增加了 10 件；主要集中在 A61N（电疗、磁疗、放射疗、超声波疗）方向。

申请主体当中，西安大医集团有限公司表现突出，专利公开数量达 15 件，均集中在 A61N（电疗、磁疗、放射疗、超声波疗）方向；陕西慧康生物科技有限责任公司的专利公开数量为 5 件；陕西科技大学和西安交通大学各 1 件，其余企业零星分布。

2. 美国专利

2018 年，陕西在生物医药领域申请的美国专利公开量合计 33 件，比 2017 年增加 11 件；

主要分布在 A61K（医用、牙科用或梳妆用的配制品）、A61N（电疗、磁疗、放射疗、超声波疗）、A61B（诊断、外科、鉴定）、A61P（化合物或药物制剂的特定治疗活性）、A61M（将介质输入人体内或输到人体上的器）、A61F（可植入血管内的滤器；假体；为人体管状结构提供开口或防止其塌陷的装置等）、C07D（杂环化合物）、C07K（肽）等方向上。

申请主体当中，陕西科技大学、中国人民解放军空军军医大学、西安力邦企业（集团）投资有限公司和西安大医集团有限公司各 4 件；西安电子科技大学和陕西天奎生物医药科技有限公司各 2 件；其余机构均为 1 件。

3. 欧洲专利

2018 年，陕西在生物医药领域申请的欧洲专利公开量合计 9 件，比 2017 年多 2 件；主要分布在 A61M（将介质输入人体内或输到人体上的器械）、A61P（化合物或药物制剂的特定治疗活性）、A61K（医用、牙科用或梳妆用的配制品）、A61N（电疗、磁疗、放射疗、超声波疗）、A61B（诊断、外科、鉴定）等方向上。

申请主体当中，西北大学专利公开数量为 2 件，西安力邦企业（集团）投资有限公司、陕西摩美得制药有限公司和陕西麦科奥特科技有限公司各 1 件，有 4 件专利为自然人申请。

4. 日本专利

2018 年，陕西在生物医药领域申请的日本专利公开量合计 7 件，比 2017 年增加了 5 件；主要分布在 A61M（将介质输入人体内或输到人体上的器械）、A61K（医用、牙科用或梳妆用的配制品）、A61P（化合物或药物制剂的特定治疗活性）、A61B（诊断、外科、鉴定）等方向上。

申请主体当中，西安力邦企业（集团）投资有限公司专利公开数量为 3 件，西北大学 2 件，陕西摩美得制药有限公司和陕西嘉禾药业有限公司各 1 件。

5. 韩国专利

2018 年，陕西在生物医药领域申请的韩国专利公开量合计 2 件，比去年减少 1 件。

申请主体当中，中国人民解放军空军军医大学和陕西深冷医用技术有限公司联合申请的专利 1 件，分布在 A61M（将介质输入人体内或输到人体上的器械）方向；陕西摩美得制药有限公司 1 件，分布在 A61K（医用、牙科用或梳妆用的配制品）方向。

七、太阳能

（一）国内专利数据

（1）总量数据

截至 2018 年年底，陕西在太阳能技术领域的国内发明专利累计公开量 2609 件，位居全国第九；2018 年当年陕西发明专利公开量为 416 件，位居全国第十三（图 4-31）；陕西在该技术领域的发明专利累计授权量为 518 件，2018 年当年授权量 96 件，在全国排名第十（图4-32）。

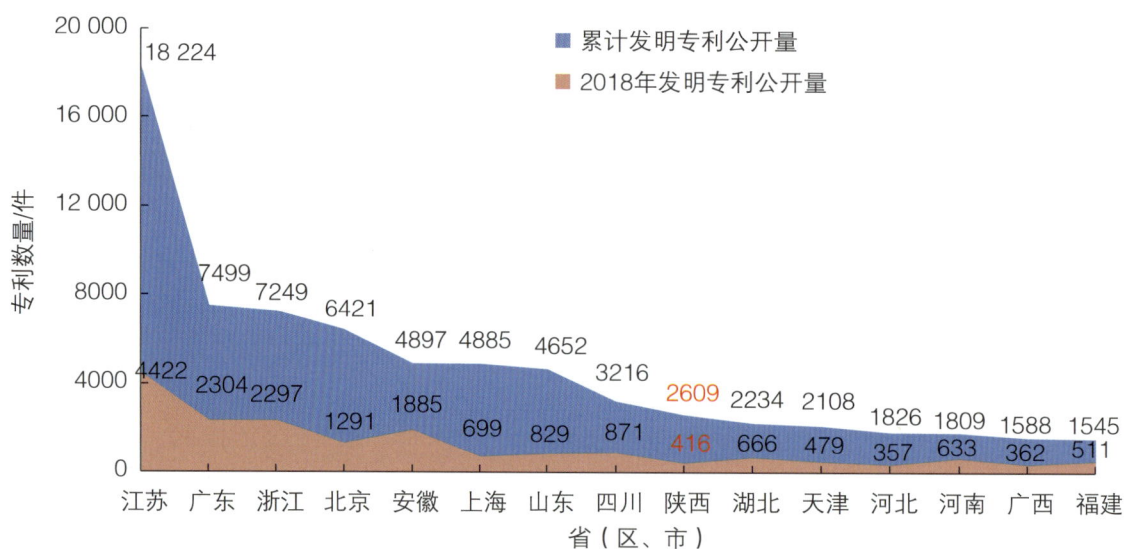

图 4-31　太阳能技术领域部分省（区、市）的国内发明专利公开量数据

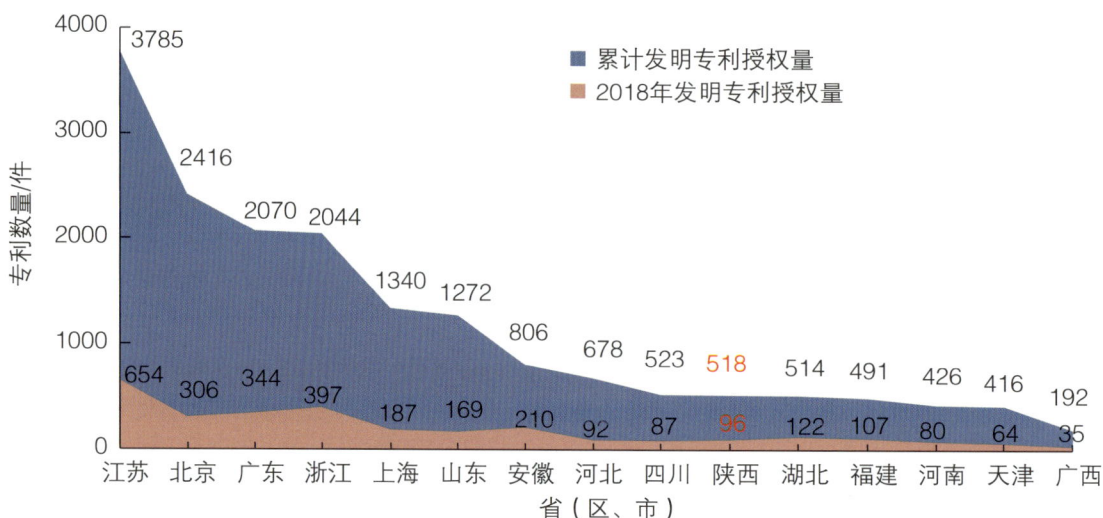

图 4-32　太阳能技术领域部分省（区、市）的国内发明专利授权量数据

（2）申请主体数据

截至 2018 年年底，陕西太阳能领域的国内发明专利授权和公开累计量高校占据绝对优势，申请机构 TOP 10 中有 9 家高校，仅有 1 家为企业。彩虹集团公司虽然发明专利累计授权量排名第二，但 2018 年当年，申请量和授权量均为 0，表现欠佳（图 4-33）。

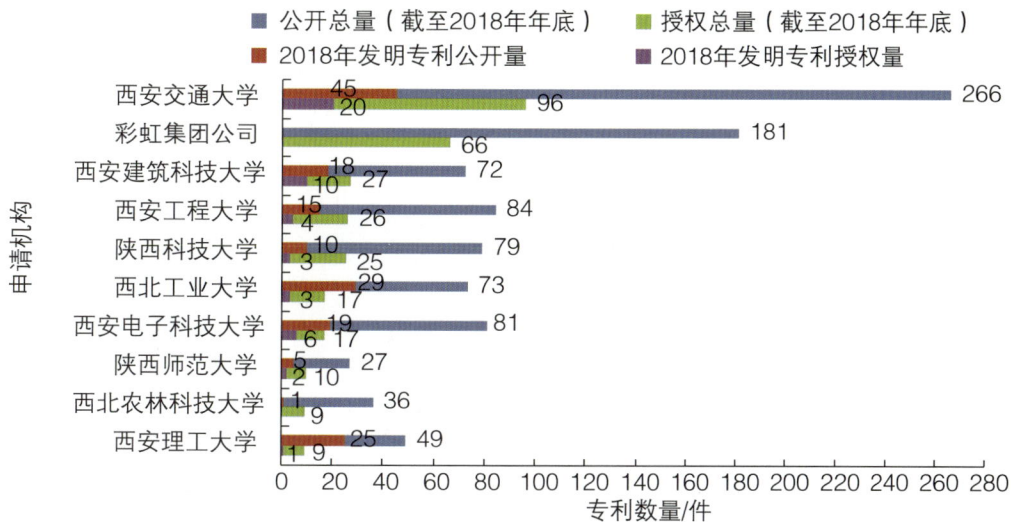

图 4-33　陕西太阳能技术领域国内发明专利申请机构 TOP 10

陕西企业在该技术领域的国内发明专利表现远不如省内高校，进入 TOP 10 的企业申请机构中，彩虹集团公司在该技术领域的国内发明专利量遥遥领先，但当年在专利方面没有作为，呈衰退之势；4 家民营企业进入企业申请机构 TOP 10，说明在太阳能技术领域一些中小型民营企业有一定的研发实力（图 4-34）。

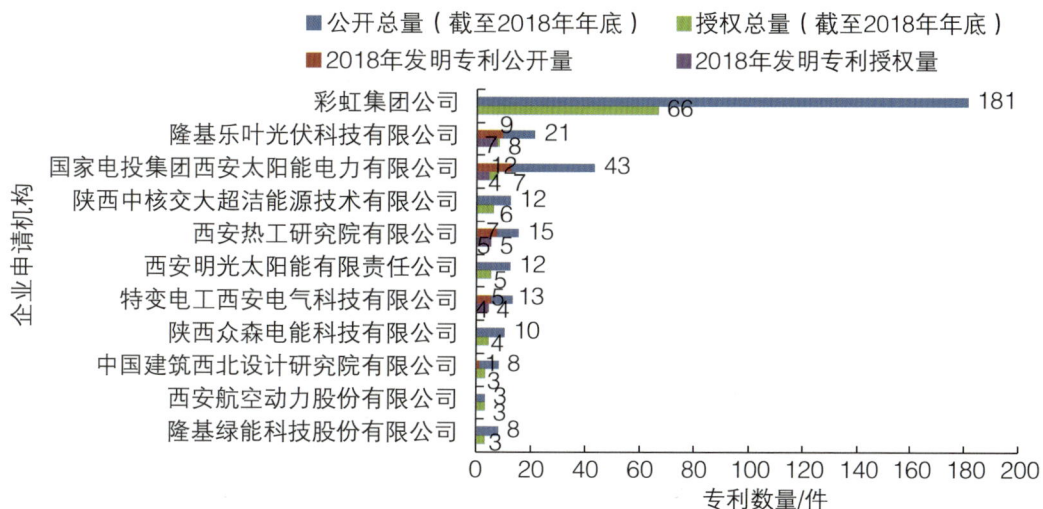

图 4-34　陕西太阳能技术领域国内发明专利企业申请机构 TOP 10

（3）优势技术方向

按 IPC 分类，截至 2018 年年底，陕西在太阳能技术领域国内授权发明专利主要集中在光转化为能量的装置及器件方向；特别是彩虹集团公司在 H01G（电容器、整流器）、H01M（直接转变化学能为电能的方法或装置）、H01B（电缆；导体；绝缘体；导电、绝缘或介电材料的选择）等 3 个技术方向上，处于全国领先地位。

陕西在太阳能技术领域国内授权发明专利的主要申请主体为省内几所主要高校和国企（表 4-13）；少量企业也表现不错。

表 4-13　陕西太阳能技术领域授权发明专利 IPC 分类 TOP 10

IPC 技术分类	全国（截至 2018 年年底）		陕西（截至 2018 年年底）		
	授权量/件	主要申请主体	授权量/件	占全国比重	主要申请主体
H01L（半导体器件）	10 286	比亚迪股份有限公司（112） LG 伊诺特有限公司（110） LG 电子株式会社（105） 常州天合光能有限公司（104） 太阳能公司（96） 佳能株式会社（96）	155	0.02%	彩虹集团公司（57） 西安交通大学（18） 西安电子科技大学（12） 陕西师范大学（10） 隆基乐叶光伏科技有限公司（8）
H02S（由红外线辐射、可见光或紫外光转换产生电能）	3201	国家电网公司（111） 阳光电源股份有限公司（36） 友达光电股份有限公司（35） 河海大学常州校区（33） 天合光能股份有限公司（28）	67	1.98%	西安交通大学（17） 西安工程大学（9） 西安明光太阳能有限责任公司（5） 西安建筑科技大学（4） 西北农林科技大学（4） 长安大学（4）
H02J（供电或配电的电路装置或系统；电能存储系统）	3170	国家电网公司（316） 中国电力科学研究院（67） 阳光电源股份有限公司（46） 华北电力大学（41） 通用电气公司（40）	62	1.96%	西安交通大学（12） 西安理工大学（9） 西安工程大学（6） 长安大学（3） 特变电工西安电气科技有限公司（3）
F24J（不包含在其他类目中的热量产生和利用）	4337	北京环能海臣科技有限公司（76） 淄博环能海臣环保技术服务有限公司（60） 北京印刷学院（59） 浙江大学（51） 东南大学（49）	58	1.34%	西安交通大学（18） 陕西科技大学（9） 西安建筑科技大学（6） 西安工程大学（2）

续表

IPC 技术分类	全国（截至 2018 年年底）		陕西（截至 2018 年年底）		
	授权量/件	主要申请主体	授权量/件	占全国比重	主要申请主体
H01G（电容器；电解型的电容器、整流器、检波器、开关）	922	彩虹集团公司（40） 清华大学（17） 武汉大学（17） 东南大学（14） 富士胶片株式会社（13）	54	1.98%	彩虹集团公司（40） 西安交通大学（3） 西安建筑科技大学（3） 西安电子科技大学（3） 西北工业大学（2）
H01M（用于直接转变化学能为电能的方法或装置）	648	彩虹集团公司（36） 清华大学（13） 富士胶片株式会社（13） 武汉大学（12） 比亚迪股份有限公司（9）	44	1.98%	彩虹集团公司（36） 西安交通大学（4） 西安建筑科技大学（1） 西安电子科技大学（1） 西北工业大学（1） 西安科技大学（1）
F24F（空气调节；空气增湿；通风；空气流作为屏蔽的应用）	372	上海交通大学（15） 东南大学（9） 华中科技大学（3） 浙江大学（3） 三洋电机株式会社（3）	29	7.80%	西安工程大学（24） 西安交通大学（2） 西安建筑科技大学（2） 陕西科技大学（1）
F03G（弹力、重力、惯性或类似的发动机）	533	中国科学院工程热物理研究所（14） 浙江大学（11） 通用电器技术有限公司（11） 西安交通大学（9） 东南大学（8）	23	4.32%	西安交通大学（9） 西安热工研究院有限公司（4） 西安航空动力股份有限公司（2） 华能集团技术创新中心（2）
F25B（制冷机，制冷设备或系统；加热和制冷的联合系统）	465	上海交通大学（28） 东南大学（25） 浙江大学（17） 天津大学（11） 清华大学（10）	14	3.01%	西安交通大学（7） 西安热工研究院有限公司（1） 西安建筑科技大学（1） 陕西科技大学（1） 华能集团技术创新中心（1）
H01B（电缆；导体；绝缘体；导电、绝缘或介电材料的选择）	313	比亚迪股份有限公司（39） 彩虹集团公司（12） 日立化成株式会社（8） LG 伊诺特有限公司（6） 清华大学（3） 常州亿晶光电科技有限公司（3）	16	5.11%	彩虹集团公司（12） 西北大学（2） 西安银泰新能源材料科技有限公司（2）

（二）国外专利数据

2018 年，陕西在太阳能技术领域申请的国外专利公开量合计仅有 4 件（表 4-14），均为美国专利；与 2017 年该领域的专利公开量相同。可见该领域陕西专利申请主体的境外专利活动不活跃。

2018 年，陕西在太阳能技术领域公开的国外专利共涉及 2 家申请机构。其中，西安宝德自动化股份有限公司的公开量为 3 件，共计 15 条 DWPI 同族专利记录，主要分布在太阳能电池无线称重传感器技术方向（G01L），均通过 PCT 国际专利申请，在美国、欧洲和印度等地公开，在美国首先取得优先权，没有国内同族专利，说明该公司比较注重美国市场。

表 4-14　2018 年陕西太阳能技术领域申请的国外专利公开数据

序号	专利名称	申请主体	主分类号	同族专利数 / 个
1	Solar battery wireless load cell adapter	西安宝德自动化股份有限公司	G01L，E21B，F04B，H02J	3
2	Solar battery wireless load cell	西安宝德自动化股份有限公司	G01L，H02J	9
3	Solar battery wireless integrated load cell and inclinometer	西安宝德自动化股份有限公司	E21B，F04B，G01C，G01D，G01L，H02S	3
4	Inner red-dot gun sighting device powered by solar cell and provided with micro-current LED light source	西安华科光电有限公司	F41G，H02J	5

八、数控机床

（一）国内专利数据

（1）总量数据

截至 2018 年年底，陕西在数控机床技术领域的国内发明专利累计公开量为 1557 件，位居全国第十，不足排名第一的江苏总量的 1/6；2018 年当年陕西发明专利公开量为 394 件，位居全国第十一，总量为江苏的 1/7（图 4-35）；陕西在该技术领域的发明专利累计授权量为 623 件，2018 年当年授权量为 110 件，均约为排名第一的江苏总量的 1/5（图 4-36）。

续表

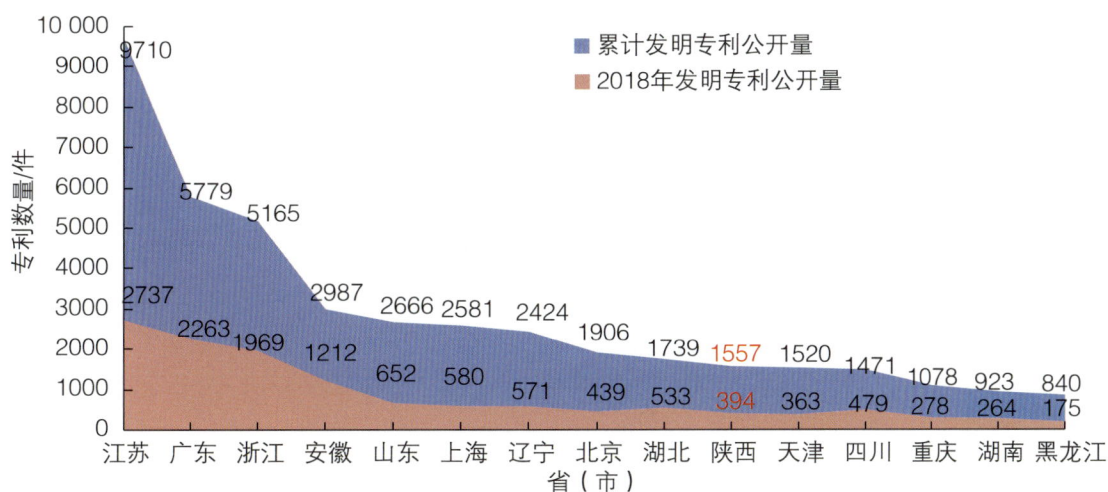

图 4-35　数控机床技术领域部分省（市）的国内发明专利公开量数据

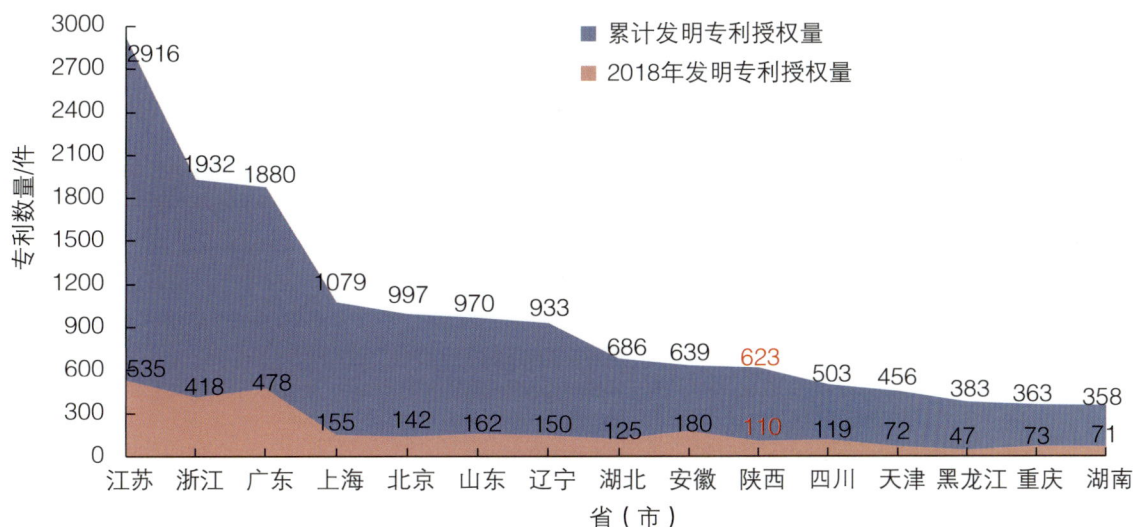

图 4-36　数控机床技术领域部分省（市）的国内发明专利授权量数据

（2）申请主体数据

截至 2018 年年底，陕西在数控机床技术领域的国内发明专利授权量和公开量仍以高校占据绝对优势。该领域国内发明专利申请机构 TOP 10 中，位居前三的西安交通大学、西北工业大学和西安理工大学发明专利公开和授权累计量均占 TOP 10 机构专利累计总量的 3/4；2018 当年公开量和授权量数据显示，西安交通大学、西北工业大学仍遥遥领先（图 4-37）。

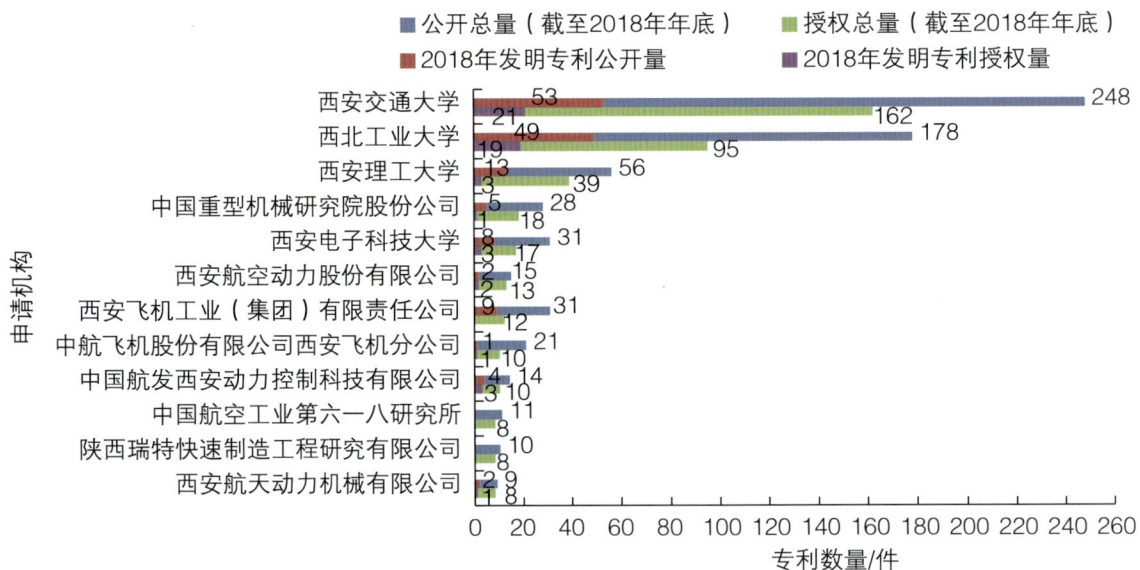

图 4-37　陕西数控机床技术领域国内发明专利申请机构 TOP 10

与陕西高校相比，陕西企业在该领域的发明专利数量普遍较少，且进入该领域国内发明专利企业申请机构 TOP 10 的以国企为主（图 4-38），国企 7 家，民营企业 3 家。

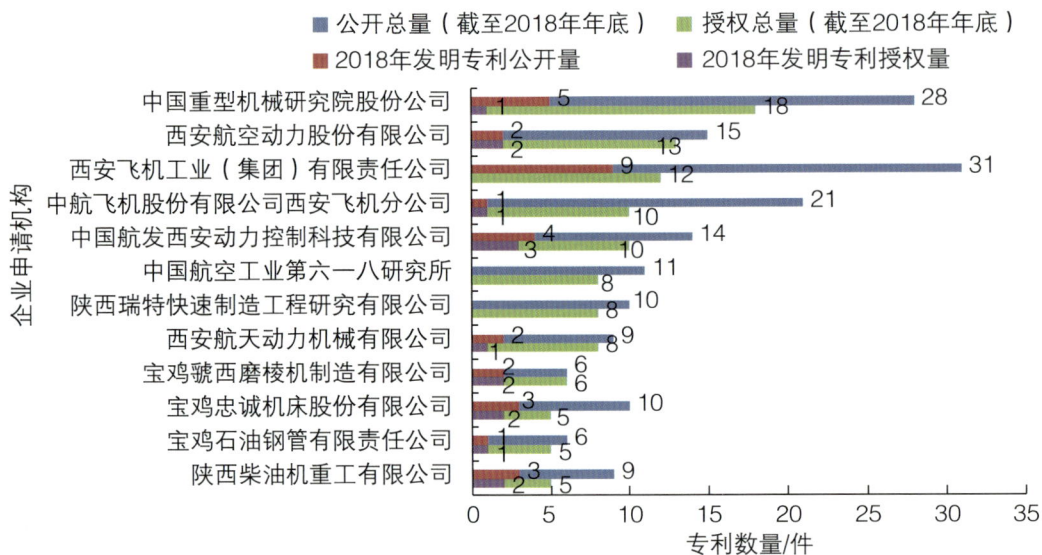

图 4-38　陕西数控机床技术领域国内发明专利企业申请机构 TOP 10

（3）优势技术方向

按 IPC 分类，截至 2018 年年底，陕西在数控机床技术领域的国内授权发明专利集中在机床零部件、组合加工和通用机床方面。西安交通大学和西北工业大学表现突出，分别在 B23Q（机床及其零部件）、B23C（铣削）、B21J（锻造；锤击；压制；铆接；锻造炉）、

B21D（金属型材加工处理）、B23F（齿轮或齿条的制造）、B23C（铣削）等6项技术方向中进入全国申请机构 TOP 5 之列。

民营企业宝鸡虢西磨棱机制造有限公司在齿轮链轮加工制造方面表现优异，在 B23F（齿轮或齿条的制造）技术方向进入陕西申请机构 TOP 5 之列（表4-15）。

表 4-15 陕西数控机床技术领域授权发明专利 IPC 分类 TOP 10

IPC 技术分类	全国（截至 2018 年年底）		陕西（截至 2018 年年底）		
	授权量 /件	主要申请主体	授权量 /件	占全国比重	主要申请主体
B23Q（机床的零部件或附件；以特殊零件或部件的结构为特征的通用机床；不针对某一特殊金属加工用途的金属加工机床的组合或联合）	4092	清华大学（51） 佛山市普拉迪数控科技有限公司（50） 南京航空航天大学（40） 西安交通大学（35） 华中科技大学（32）	157	3.84%	西安交通大学（35） 西北工业大学（31） 西安理工大学（19） 西安飞机工业（集团）有限责任公司（7） 西安航天动力机械厂（6）
B23P（金属的其他加工；组合加工；万能机床）	3288	沈阳飞机工业（集团）有限公司（33） 沈阳黎明航空发动机（集团）有限责任公司（26） 哈尔滨汽轮机厂有限责任公司（20） 华中科技大学（18） 苏州博众精工科技有限公司（16）	94	2.86%	西北工业大学（10） 西安交通大学（9） 西安航空动力股份有限公司（5） 西安理工大学（4） 中航飞机股份有限公司西安飞机分公司（4）
G05B（一般的控制或调节系统；这种系统的功能单元；用于这种系统或单元的监视或测试装置）	1530	三菱电机株式会社（80） 华中科技大学（70） 发那科株式会社（47） 上海交通大学（47） 南京航空航天大学（34） 中国科学院沈阳计算技术研究所有限公司（34）	61	3.97%	西安交通大学（24） 西北工业大学（10） 西安理工大学（6） 西安工业大学（3） 西安煤矿机械有限公司（2）
B23K（钎焊或脱焊；焊接；用钎焊或焊接方法包覆或镀敷；局部加热切割；用激光束加工）	3414	江苏大学（83） 北京工业大学（48） 上海交通大学（48） 华中科技大学（44） 华南理工大学（37）	58	1.70%	西安交通大学（11） 西北工业大学（11） 宝鸡石油钢管有限责任公司（3） 西安轨道交通装备有限责任公司（3）

IPC 技术分类	全国（截至 2018 年年底）		陕西（截至 2018 年年底）		
	授权量/件	主要申请主体	授权量/件	占全国比重	主要申请主体
B23C（铣削）	598	沈阳黎明航空发动机（集团）有限责任公司（17） 沈阳飞机工业（集团）有限公司（16） 西北工业大学（15） 上海交通大学（8） 西安交通大学（8）	50	8.36%	西北工业大学（15） 西安交通大学（8）
B23B（车削；镗削）	1465	沈阳黎明航空发动机（集团）有限责任公司（14） 北京航空航天大学（12） 浙江大学（12） 哈尔滨工业大学（9） 哈尔滨汽轮机厂有限责任公司（8） 山崎马扎克公司（8）	37	2.53%	西安交通大学（5） 西北工业大学（4） 西安理工大学（4） 宝鸡忠诚机床股份有限公司（3）
B24B（用于磨削或抛光的机床、装置或工艺；磨具磨损表面的修理或调节；磨削，抛光剂或研磨剂的进给）	1043	上海交通大学（16） 北京航空航天大学（13） 濮阳贝英数控机械设备有限公司（13） 湖南大学（9） 厦门大学（9） 浙江工业大学（9） 中国科学院长春光学精密机械与物理研究所（9）	32	3.07%	西北工业大学（7） 西安交通大学（4）
B21J（锻造；锤击；压制；铆接；锻造炉）	200	天津市天锻压力机有限公司（24） 西安交通大学（16） 中国重型机械研究院股份公司（6） 山东理工大学（6） 中南大学（6）	28	14.00%	西安交通大学（16） 中国重型机械研究院股份公司（6）

续表

IPC 技术分类	全国（截至 2018 年年底）		陕西（截至 2018 年年底）		
	授权量/件	主要申请主体	授权量/件	占全国比重	主要申请主体
B21D(金属板或管、棒或型材的基本无切削加工或处理；冲压金属)	1008	江苏大学（15） 济南铸造锻压机械研究所有限公司（10） 南通超力卷板机制造有限公司（10） 中山市奥美森工业有限公司（10） 江苏扬力数控机床有限公司（9） 上海交通大学（9） 西安交通大学（9）	24	2.38%	西安交通大学（9） 西北工业大学（5）
B23F（齿轮或齿条的制造）	364	天津第一机床总厂（31） 浙江日创机电科技有限公司（12） 南京工大数控科技有限公司（11） 南京工业大学（9） 西安交通大学（9） 重庆机床（集团）有限责任公司（9）	24	6.59%	西安交通大学（9） 宝鸡虢西磨棱机制造有限公司（6）

（二）国外专利数据

2018 年，陕西在数控机床技术领域申请的国外专利公开量仅 1 件，为 PCT 国际专利，申请机构是西安麦特沃金液控技术有限公司，详细信息如表 4–16 所示。

表 4–16　2018 年陕西数控机床技术领域申请的国外专利公开数据

序号	专利名称	申请主体	主分类号	同族专利数/个
1	Hydraulic forming machine and metal ball forming machine	西安麦特沃金液控技术有限公司	B21C	0

（整理编写：张秀妮　周立秋　任 蔷　龚 娟　辛 一　胡启萌　钱 虹　杨程凯）

指标解释

● 公开专利量（件）：指当年许可公开的专利总数，包括发明专利公开量（当年授权的发明专利数量 + 当年许可公开但未授权的发明专利数量）、当年实用新型和外观设计授权量。

● 专利授权量（件）：指当年某地区各类申请人的专利授权数。包括授权发明专利、实用新型和外观设计等三类。

● PCT公开量（件）：指发明人或发明持有者按世界知识产权组织PCT程序（国际阶段）提交的发明专利公开量。

● 专利技术分类：是指按专利IPC分类号所划分的技术类别。

● 有效发明专利：指发明专利申请被授权后，仍处于有效状态的专利。

● 专利经济效率（件/百亿元）：指每百亿元GDP专利授权量。即当年专利授权量/上一年度地区生产总值。

● 专利密度（件/万人）：指授权专利密度和有效专利密度。

● 授权专利密度（件/万人）：指每万人所拥有的专利授权量和每万人所拥有的发明专利授权量。即（截至当年年末专利授权量 + 发明专利授权量）/上一年度年末常住人口数量。

● 有效专利密度（件/万人）：指每万人口有效发明专利拥有量。即截至当年年末有效发明专利数量/上一年度年末常住人口数量。

主要技术领域部分省（区、市）的国内发明专利数据

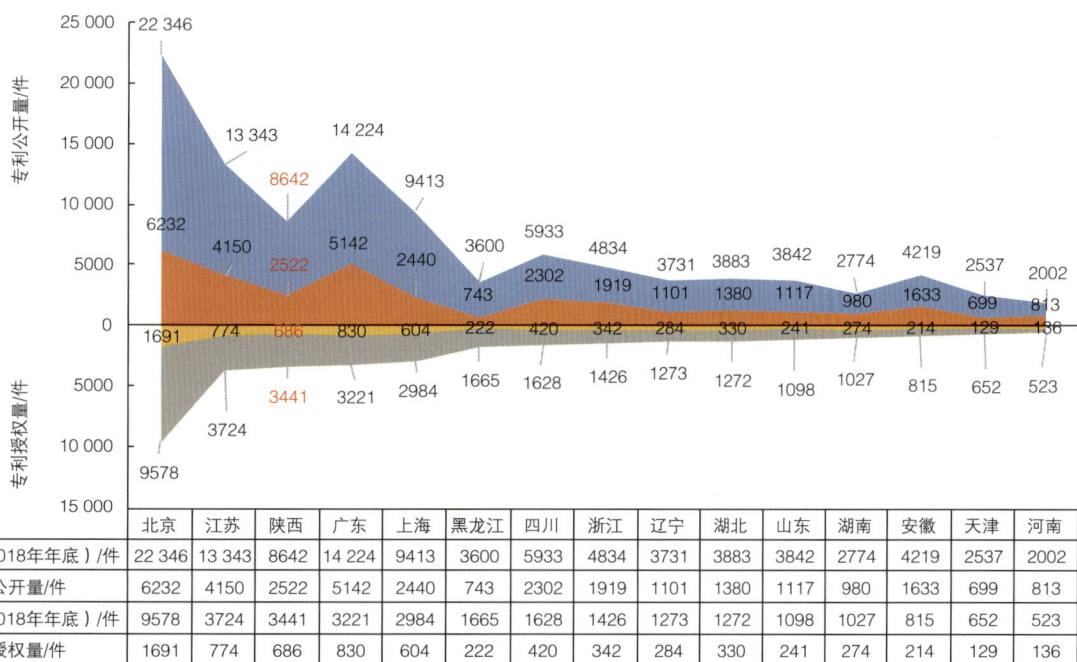

	北京	江苏	陕西	广东	上海	黑龙江	四川	浙江	辽宁	湖北	山东	湖南	安徽	天津	河南
■公开总量（截至2018年年底）/件	22 346	13 343	8642	14 224	9413	3600	5933	4834	3731	3883	3842	2774	4219	2537	2002
■2018年发明专利公开量/件	6232	4150	2522	5142	2440	743	2302	1919	1101	1380	1117	980	1633	699	813
■授权总量（截至2018年年底）/件	9578	3724	3441	3221	2984	1665	1628	1426	1273	1272	1098	1027	815	652	523
■2018年发明专利授权量/件	1691	774	686	830	604	222	420	342	284	330	241	274	214	129	136

附图 1　航空航天技术领域部分省（市）的国内发明专利数据

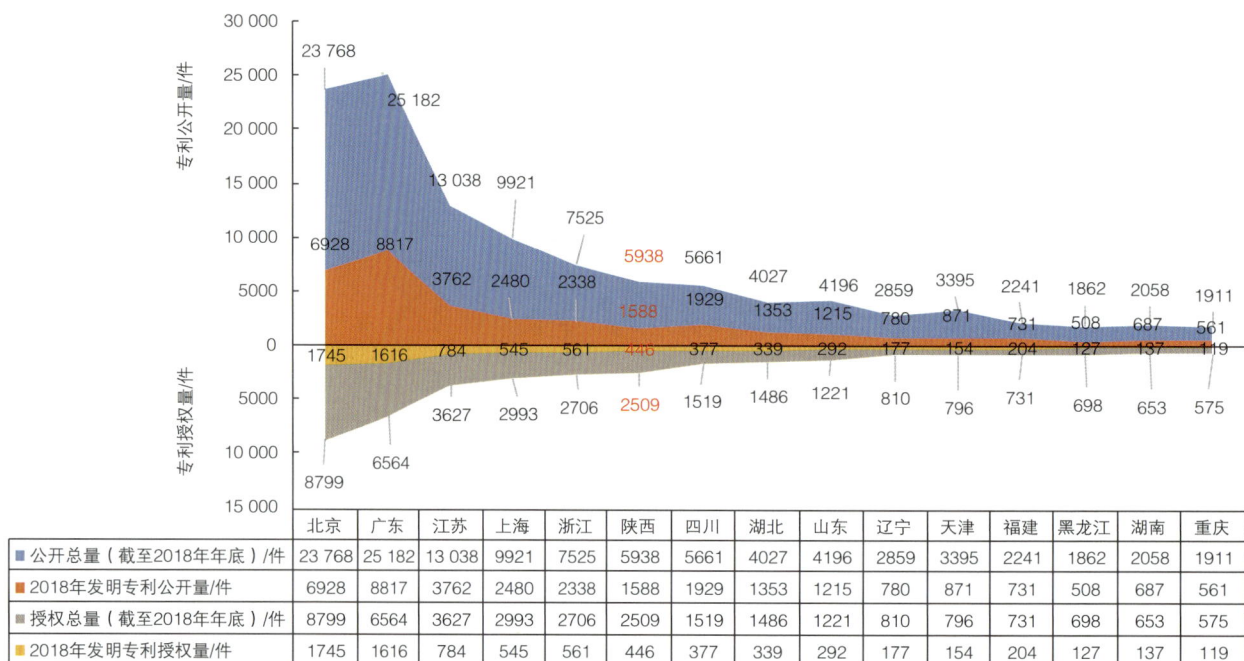

附图2　图像处理技术领域部分省（市）的国内发明专利数据

	北京	广东	江苏	上海	浙江	陕西	四川	湖北	山东	辽宁	天津	福建	黑龙江	湖南	重庆
■ 公开总量（截至2018年年底）/件	23 768	25 182	13 038	9921	7525	5938	5661	4027	4196	2859	3395	2241	1862	2058	1911
■ 2018年发明专利公开量/件	6928	8817	3762	2480	2338	1588	1929	1353	1215	780	871	731	508	687	561
■ 授权总量（截至2018年年底）/件	8799	6564	3627	2993	2706	2509	1519	1486	1221	810	796	731	698	653	575
■ 2018年发明专利授权量/件	1745	1616	784	545	561	446	377	339	292	177	154	204	127	137	119

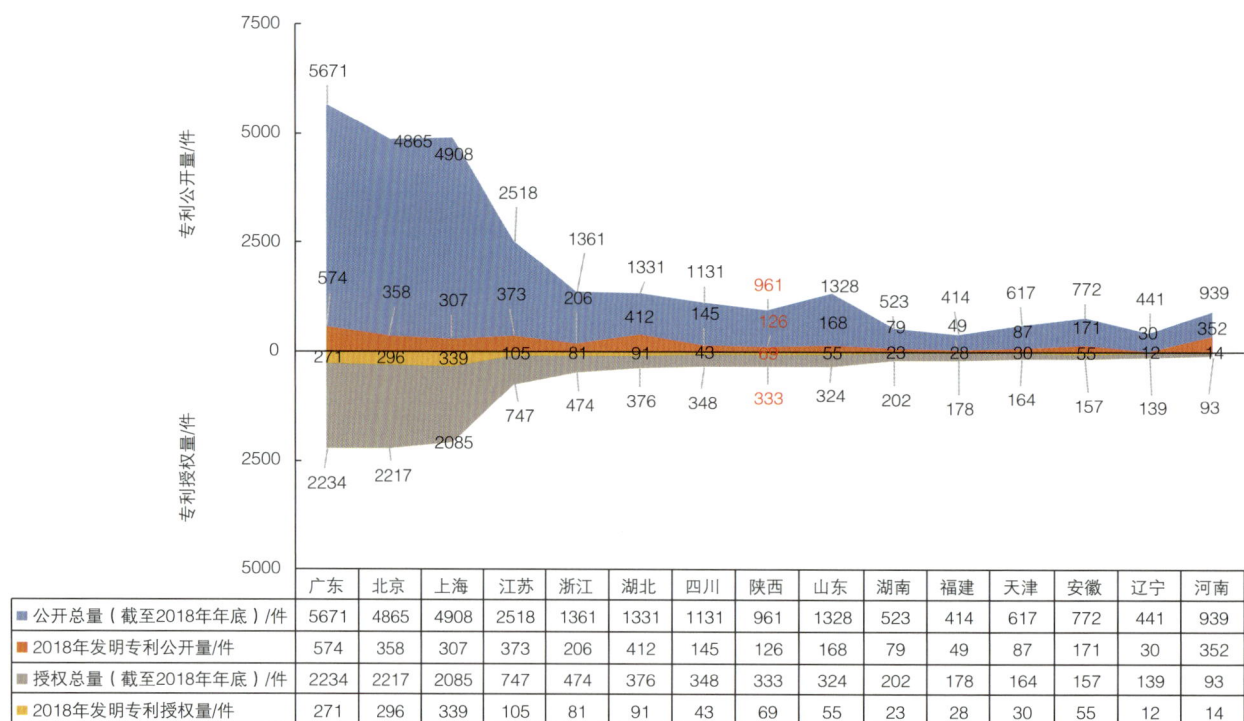

附图3　存储芯片技术领域部分省（市）的国内发明专利数据

	广东	北京	上海	江苏	浙江	湖北	四川	陕西	山东	湖南	福建	天津	安徽	辽宁	河南
■ 公开总量（截至2018年年底）/件	5671	4865	4908	2518	1361	1331	1131	961	1328	523	414	617	772	441	939
■ 2018年发明专利公开量/件	574	358	307	373	206	412	145	126	168	79	49	87	171	30	352
■ 授权总量（截至2018年年底）/件	2234	2217	2085	747	474	376	348	333	324	202	178	164	157	139	93
■ 2018年发明专利授权量/件	271	296	339	105	81	91	43	69	55	23	28	30	55	12	14

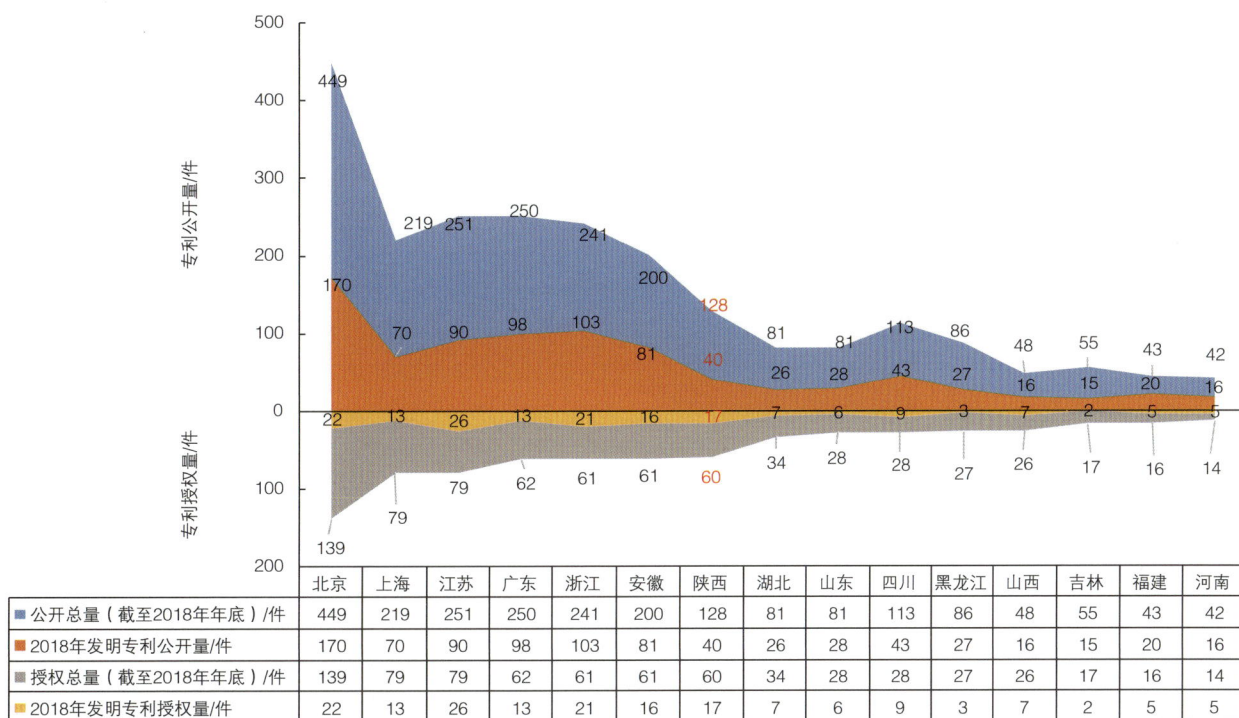

	北京	上海	江苏	广东	浙江	安徽	陕西	湖北	山东	四川	黑龙江	山西	吉林	福建	河南
■ 公开总量（截至2018年年底）/件	449	219	251	250	241	200	128	81	81	113	86	48	55	43	42
■ 2018年发明专利公开量/件	170	70	90	98	103	81	40	26	28	43	27	16	15	20	16
■ 授权总量（截至2018年年底）/件	139	79	79	62	61	61	60	34	28	28	27	26	17	16	14
■ 2018年发明专利授权量/件	22	13	26	13	21	16	17	7	6	9	3	7	2	5	5

附图 4　量子通信技术领域部分省（市）的国内发明专利数据

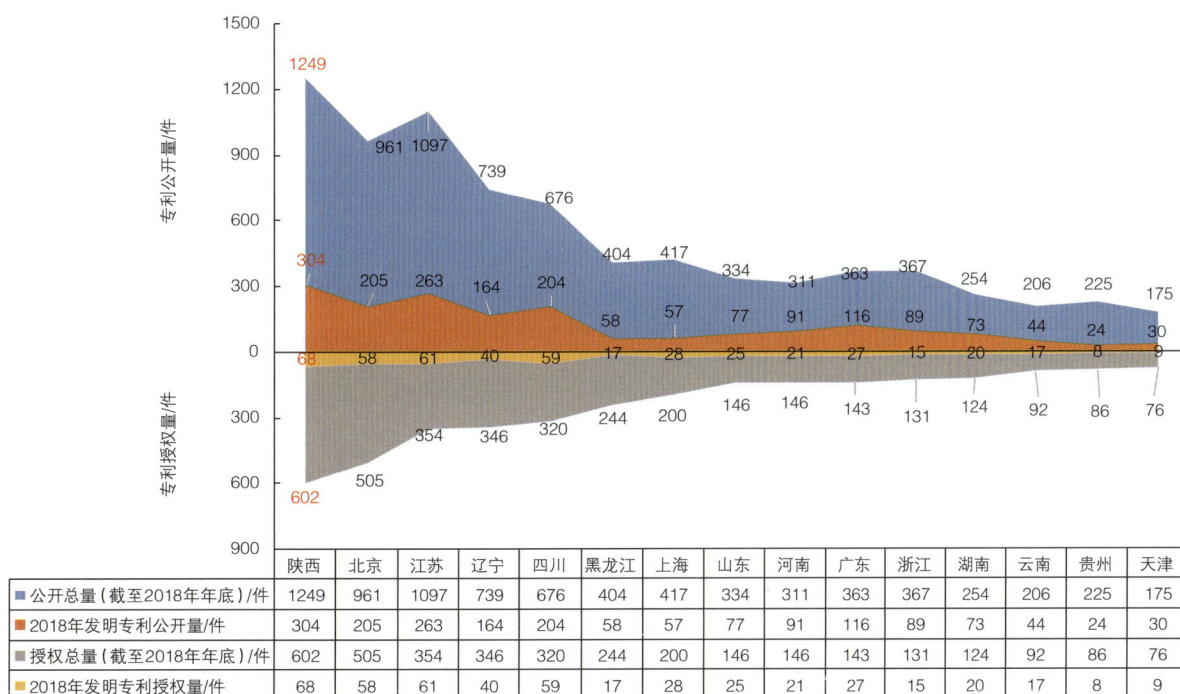

	陕西	北京	江苏	辽宁	四川	黑龙江	上海	山东	河南	广东	浙江	湖南	云南	贵州	天津
■ 公开总量（截至2018年年底）/件	1249	961	1097	739	676	404	417	334	311	363	367	254	206	225	175
■ 2018年发明专利公开量/件	304	205	263	164	204	58	57	77	91	116	89	73	44	24	30
■ 授权总量（截至2018年年底）/件	602	505	354	346	320	244	200	146	146	143	131	124	92	86	76
■ 2018年发明专利授权量/件	68	58	61	40	59	17	28	25	21	27	15	20	17	8	9

附图 5　钛材料技术领域部分省（市）的国内发明专利数据

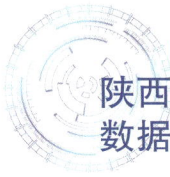

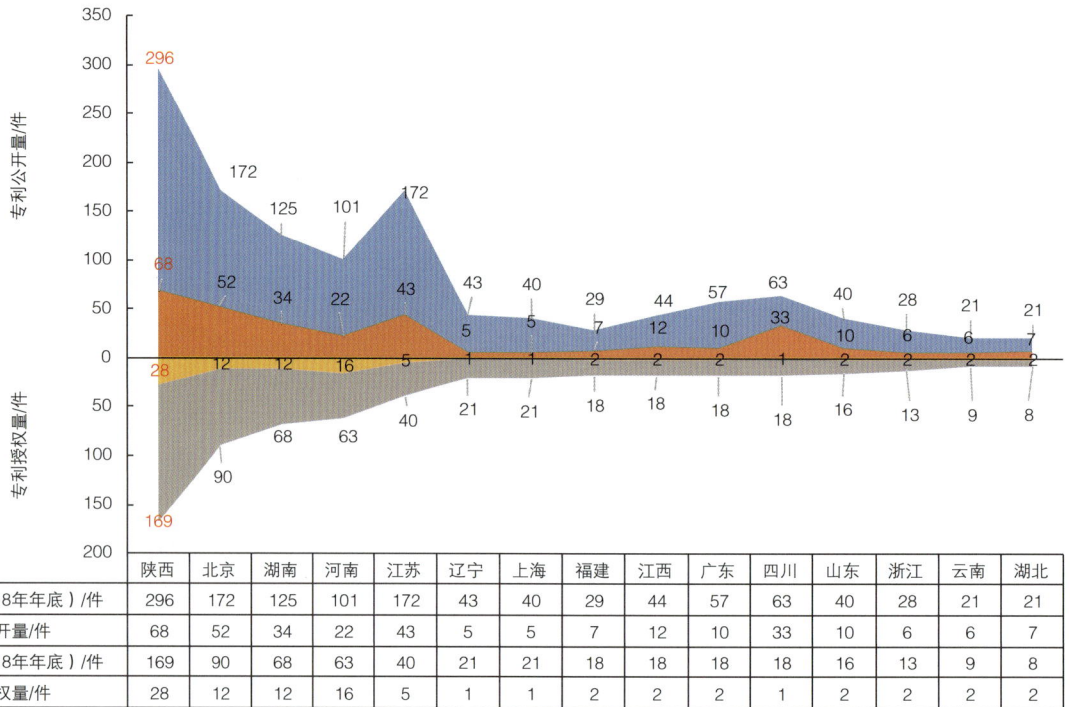

附图 6　钼材料技术领域部分省（市）的国内发明专利数据

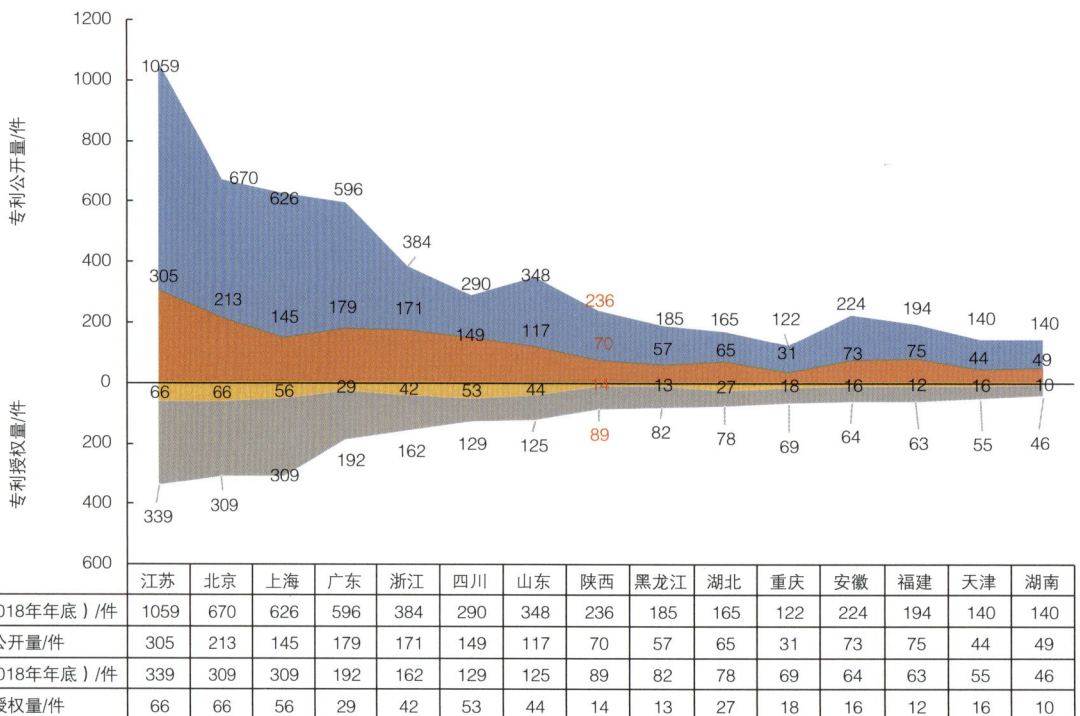

	陕西	北京	湖南	河南	江苏	辽宁	上海	福建	江西	广东	四川	山东	浙江	云南	湖北
公开总量（截至2018年年底）/件	296	172	125	101	172	43	40	29	44	57	63	40	28	21	21
2018年发明专利公开量/件	68	52	34	22	43	5	5	7	12	10	33	10	6	6	7
授权总量（截至2018年年底）/件	169	90	68	63	40	21	21	18	18	18	18	16	13	9	8
2018年发明专利授权量/件	28	12	12	16	5	1	1	2	2	2	1	2	2	2	2

附图 7　石墨烯技术领域部分省（市）的国内发明专利数据

	江苏	北京	上海	广东	浙江	四川	山东	陕西	黑龙江	湖北	重庆	安徽	福建	天津	湖南
公开总量（截至2018年年底）/件	1059	670	626	596	384	290	348	236	185	165	122	224	194	140	140
2018年发明专利公开量/件	305	213	145	179	171	149	117	70	57	65	31	73	75	44	49
授权总量（截至2018年年底）/件	339	309	309	192	162	129	125	89	82	78	69	64	63	55	46
2018年发明专利授权量/件	66	66	56	29	42	53	44	14	13	27	18	16	12	16	10

	山东	北京	广东	江苏	上海	浙江	四川	河南	天津	辽宁	安徽	湖北	陕西	黑龙江	重庆
公开总量（截至2018年年底）/件	94 335	55 740	67 665	83 489	41 478	42 315	26 475	25 895	21 609	18 292	30 836	17 692	13 577	12 202	13 049
2018年发明专利公开量/件	12 227	7720	18 907	16 619	6838	9723	6374	5462	2989	2314	7165	4327	2601	1418	2452
授权总量（截至2018年年底）/件	22 602	21 780	18 895	17 541	15 148	13 036	6609	6223	5834	5333	5003	4994	4817	3864	3803
2018年发明专利授权量/件	2236	1983	2839	2251	1661	1690	795	725	514	457	544	638	484	397	462

附图 8　生物医药技术领域部分省（市）的国内发明专利数据

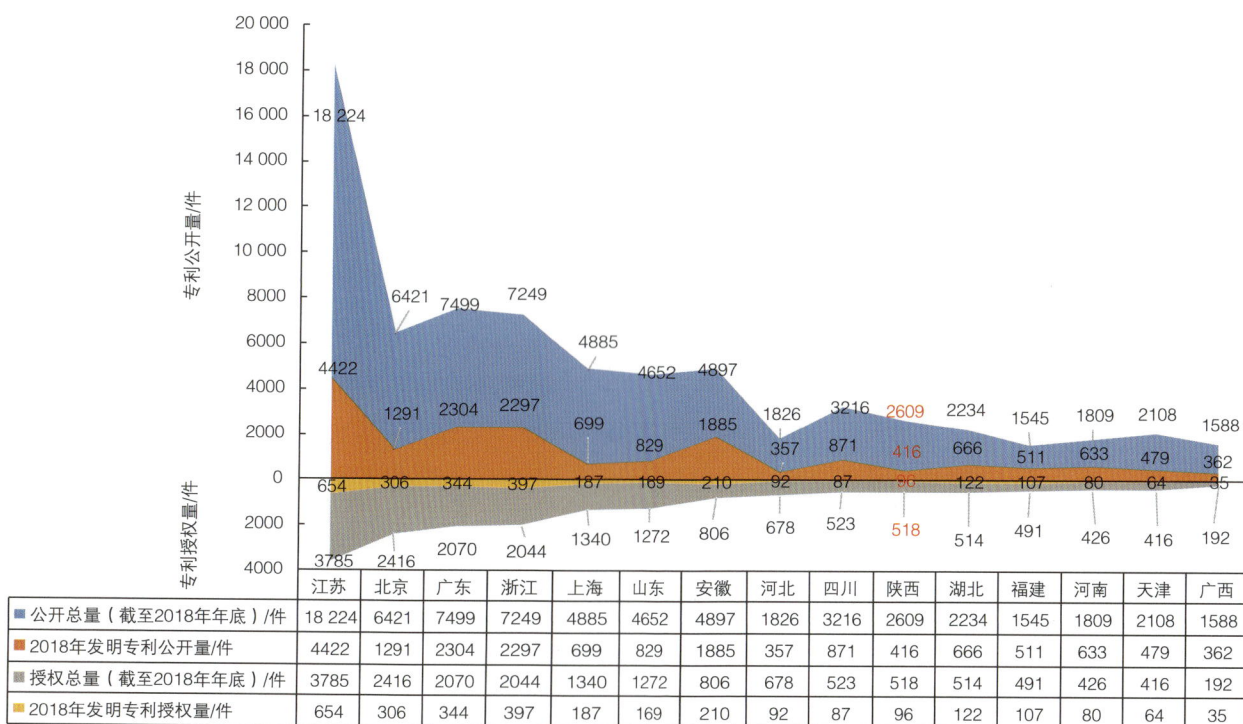

	江苏	北京	广东	浙江	上海	山东	安徽	河北	四川	陕西	湖北	福建	河南	天津	广西
公开总量（截至2018年年底）/件	18 224	6421	7499	7249	4885	4652	4897	1826	3216	2609	2234	1545	1809	2108	1588
2018年发明专利公开量/件	4422	1291	2304	2297	699	829	1885	357	871	416	666	511	633	479	362
授权总量（截至2018年年底）/件	3785	2416	2070	2044	1340	1272	806	678	523	518	514	491	426	416	192
2018年发明专利授权量/件	654	306	344	397	187	169	210	92	87	96	122	107	80	64	35

附图 9　太阳能技术领域部分省（区、市）的国内发明专利数据

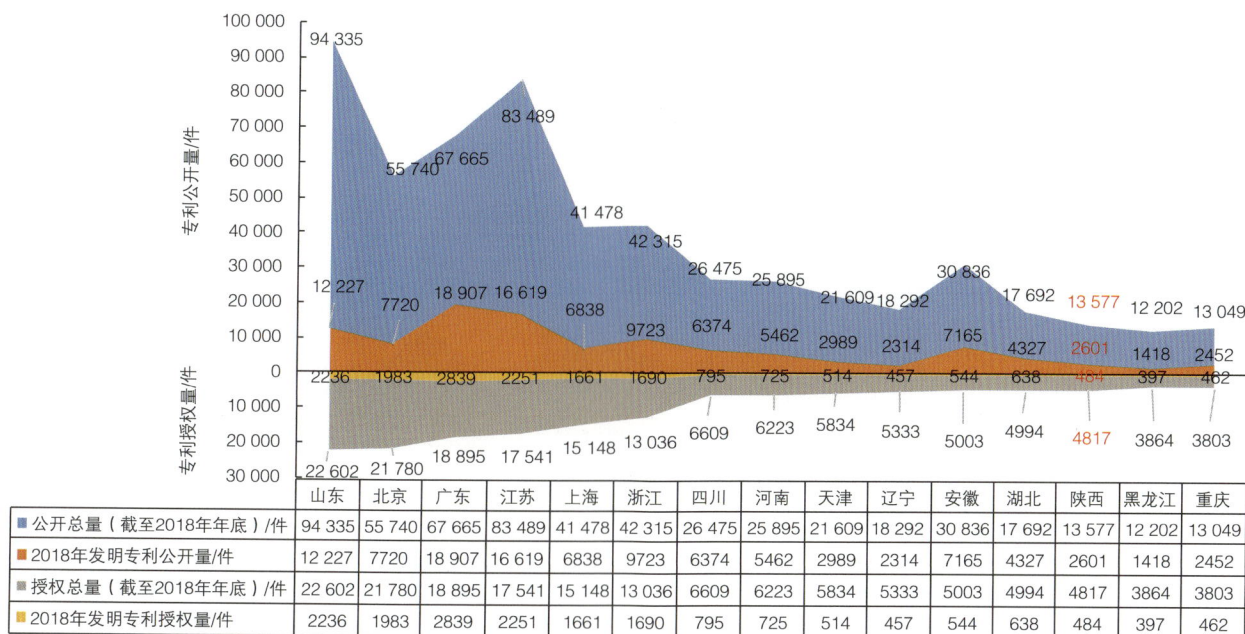

	江苏	浙江	广东	上海	北京	山东	辽宁	湖北	安徽	陕西	四川	天津	黑龙江	重庆	湖南
■公开总量（截至2018年年底）/件	9710	5165	5779	2581	1906	2666	2424	1739	2987	1557	1471	1520	840	1078	923
■2018年发明专利公开量/件	2737	1969	2263	580	439	652	571	533	1212	394	479	363	175	278	264
■授权总量（截至2018年年底）/件	2916	1932	1880	1079	997	970	933	686	639	623	503	456	383	363	358
■2018年发明专利授权量/件	535	418	478	155	142	162	150	125	180	110	119	72	47	73	71

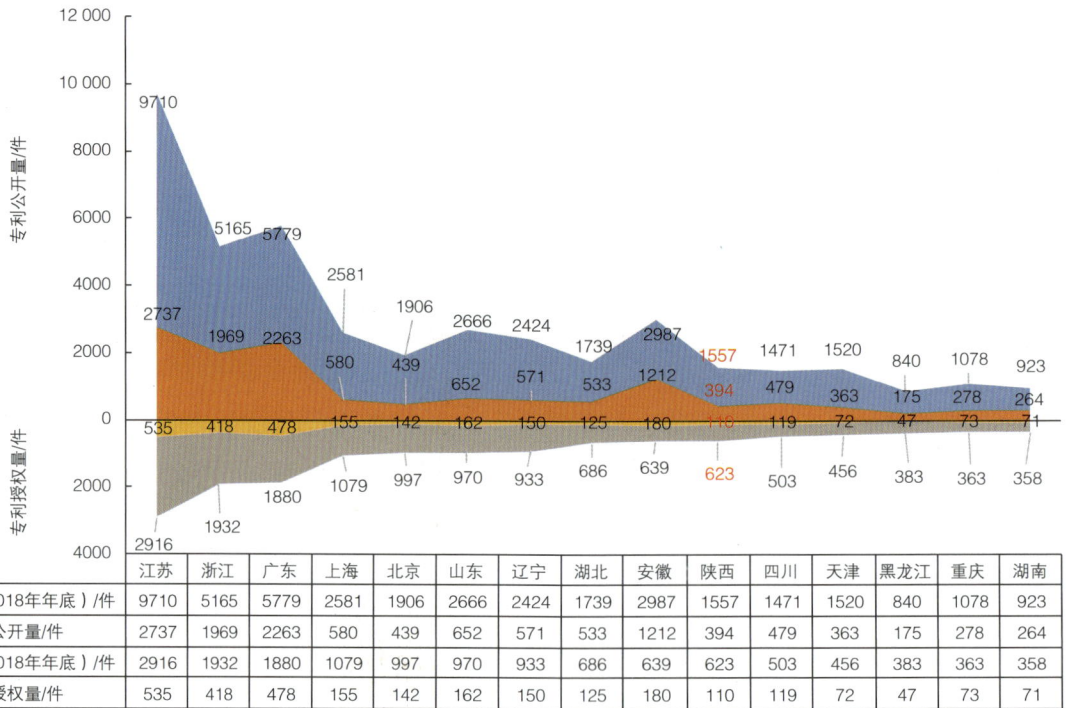

附图 10　数控机床技术领域部分省（市）的国内发明专利数据